U0272281

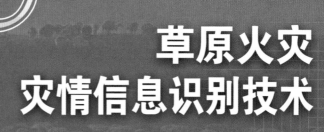

草原火灾
灾情信息识别技术

● 都瓦拉 刘桂香 玉 山/著

中国农业科学技术出版社

图书在版编目（CIP）数据

草原火灾灾情信息识别技术／都瓦拉，刘桂香，玉山著. —北京：中国
农业科学技术出版社，2017.7

ISBN 978 - 7 - 5116 - 3014 - 8

Ⅰ.①草… Ⅱ.①都…②刘…③玉 Ⅲ.①草原保护 - 防火 Ⅳ.①S812.6

中国版本图书馆 CIP 数据核字（2017）第 053575 号

责任编辑	刘慧娟　李冠桥
责任校对	马广洋

出 版 者	中国农业科学技术出版社 北京市中关村南大街 12 号　邮编：100081
电　　话	(010)82109705(编辑室)　(010)82109704(发行部) (010)82109709(读者服务部)
传　　真	(010)82106625
网　　址	http://www.castp.cn
经 销 者	各地新华书店
印 刷 者	北京科信印刷有限公司
开　　本	710mm×1 000mm　1/16
印　　张	6
字　　数	103 千字
版　　次	2017 年 7 月第 1 版　2017 年 7 月第 1 次印刷
定　　价	48.00 元

资助项目

1. 中国农业科学院科技创新工程"草原非生物灾害防灾减灾团队"（CAAS – ASTIP –2016 – IGR –04）

2. 国家自然基金项目"基于3S技术的草原火灾风险评估研究——以乌珠穆沁草原为例"（41461102）

3. 内蒙古科技厅科技计划项目"基于3S技术的蒙古高原多尺度草原火灾风险综合评价技术研究"（201502113）

4. 内蒙古财政厅科技创新引导项目"森林草原火灾监测预警与应急管理系统"

5. 内蒙古科技计划项目"阿尔山森林灾害监测预警与应急管理系统研究"

6. 中央引导地方科技发展专项资金"阿尔山生态保护与资源综合利用技术集成示范"

7. 国家自然基金项目"中蒙边境高火险区的森林草原火时空演变机制及蔓延趋势预测模型研究"（D011002）

作者简介

都瓦拉，女，1979 年生，内蒙古自治区生态与农业气象中心应用气象专业高级工程师，主要研究领域为以蒙古高原为研究区的自然灾害遥感监测、预警、风险评估、损失评价和环境影响评价研究。2013 年获得中国农业科学院草原研究所草业科学专业博士。到目前为止共发表相关领域论文 30 多篇（其中，SCI 3 篇，EI 检索 3 篇，ISTP 检索 4 篇）；参编著作 4 部；获软件著作权 8 项；获专利 1 项；主持项目有内蒙古自然基金项目（2010MS0604）和国家自然科学基金项目（41461102）和内蒙古自治区科技计划项目（201502113）各一项；参加国家自然科学基金项目和省部级相关领域的研究项目多项；内蒙古自治区气象遥感应用创新团队成员，负责自然灾害遥感监测研究；草原非生物灾害防灾减灾创新团队骨干成员，负责自然灾害的遥感监测、预警、风险评估、损失评价和环境影响评价等研究；《The Nature of Inner Asia》期刊编委；2009 获得第 6 届 Kasumigaura Prize（霞浦奖）。

刘桂香，女，研究员，博士，博士生导师，农业部具有突出贡献中青年专家。中国农业科学院草原研究所草地资源与灾害研究室主任，农业部农业遥感应用中心呼和浩特分中心主任。中国农业科学院科技创新工程"草原非生物灾害防灾减灾团队"首席专家。中国遥感协会理事，中国草学会草原火专业委员会常务理事及

副会长。长期从事草原生态环境监测评价和草原非生物灾害监测评估研究，先后主持和参加国家级、省部级及其他各类研究项目近40项，在我国草地生态监测评价和草原非生物灾害监测预警研究中获得了丰硕的研究成果。

玉山，男，1978年生，内蒙古师范大学地理科学学院高级实验师，主要研究领域为3S技术应用与自然灾害遥感监测与评估研究。到目前为止共发表相关领域论文30多篇（其中，SCI 3篇，EI检索3篇，ISTP检索4篇）；参编著作5部；获软件著作权8项；获专利1项；主持项目有内蒙古自然科学基金项目（2010MS0604、2017MS0409），国家自然科学基金项目（41761101），内蒙古自治区科技计划项目智慧阿尔山战略规划与实施－阿尔山市防灾减灾规划、阿尔山森林灾害监测预警与应急管理系统研究（201602086），内蒙古财政厅科技引导奖励基金项目各一项，内蒙古科技计划子课题2项。参加国家自然基金项目和省部级相关领域的研究项目多项。

《草原火灾灾情信息识别技术》
著 者 名 单

主 著：都瓦拉　刘桂香　玉　山

参 著：(请按姓氏笔画排列)

白海花　刘慧娟　孙　红

运向军　张巧凤　张晓德

卓　义　庞立东　哈斯巴根

萨楚拉　路艳峰

前　　言

环境保护和社会经济发展是当今社会的两大主题，草原火灾是影响草原地区社会稳定和经济发展的自然灾害之一，减轻草原火灾的损失是全社会共同关注的问题。草原火灾具有火势猛、火头高、发展速度快等特点。草原地区地域辽阔、河流少、风大且风向多变，火借风势迅速蔓延容易形成多岔火头，极易造成人畜伤亡事故。我国的草原地区主要分布在我国的北部的干旱半干旱地区，气候属于温带大陆性气候，干旱是气候主要特点，一年的一半时间处在枯草期，枯草期由于降水少，可燃物干枯，因此容易引起火灾，每年由于草原火灾而使当地的人民带来巨大的损失。

我国是草原火灾频繁发生的国家，采用高科技手段监测评估草原火灾对提高草原火灾防范能力，有效地控制火灾，减少草原火灾损失具有重要意义。本书中利用内蒙古草原不同类型草地枯草期野外实测可燃物月动态数据和准同步的 EOS/MODIS 数据，分别针对草甸草原、典型草原、荒漠草原、草原化荒漠和荒漠等草地类型建立了基于 EOS/MODIS 数据的枯草期可燃物量遥感估测模型；创新性地选用枯草期可燃物量作为计算草原火险指数的可燃物指标，另外增选了积雪覆盖、草地连续度、日降水量、日最小相对湿度、日最高气温、日最大风速等 6 个指标建立了草原火险指数模型进行草原火灾预警技术研究；以 Landsat TM 数据为外部数据源提取 EOS/MODIS 数据中火点和背景的纯净端元，对 EOS/MODIS 数据中火点混合像元进行分解，提出了基于多源遥感卫星的草原火灾亚像元火点面积估算基本流程和关键技术；基于作业条件危险性评价法格雷厄姆－金尼法（LEC）和加权综合评分法（WCA）建立内蒙古草原火灾风险评价模型；对草原火灾各项损失进行调查，将草原火灾的损失评估划分为人口损失、草原损失、直接经济损失和间接经济损失四大部分，并提出草原火灾损失的评估指标，建立了草原火灾损失评估模型；为了了解火烧对草原生态环境影响，进行了不同时间计划火烧试验，并对研究区的植被群落进行野外调查和土壤理化性状进行实验分析，建立了草原火生态环境影响评价指标体系和模型。

本书的目的是以草原火灾灾情信息识别关键技术研究开发为主要内容，最终建立比较完善的集草原火灾监测预警及评价技术体系，为管理部门做好灾前预警、实时监测、灾后快速反应及制定科学的防灾减灾对策提供及时、准确的信息服务和技术支撑。实现从目前被动的灾后管理模式向灾前预警、灾时应急和灾后救援三个阶段一体化的草原火灾综合管理与控制模式的转变，全面提高我国草原火灾应急管理工作的科技水平。从根本上把草原火灾的损失减少到最低限度，为巩固绿化成果、保护生态环境、稳定社会治安和实现经济可持续发展工作提供服务。

在此，特别感谢刘桂香研究员的指导，感谢王铁娟教授在我们进行野外试验时给予的指导与帮助，感谢赛音吉日嘎拉和韩文娟同学在野外试验中的帮助。

著　者

2017 年 7 月

目　　录

1

图目录

表目录

第一章　草原火灾概述

草原不仅是畜牧业的生产资料，还在全球气候和碳平衡中起着重要作用。我国是世界上第二草原大国，草地面积 4 亿 hm^2，占国土总面积的 40% 以上（徐柱，1998）。我国的草原地区主要分布在北部的干旱半干旱地区，气候属于温带大陆性气候，干旱是气候主要特点，一年的一半时间处在枯草期，枯草期由于降水少，可燃物干枯，因此容易引起火灾，每年由于草原火灾而给当地的人民带来巨大的损失（刘桂香等，2002）。我国的草原火灾频率高，由火灾引起的损失也大，且我国北方地区的大部分属于草原地区，大概有 1/3 的草原容易发生草原火灾（韩启龙等，2005），近年来，由于气候变暖全球森林草原火灾次数和损失都呈上升趋势。

内蒙古自治区（全书简称内蒙古）位于我国北部边疆，处于欧亚大陆的腹地，大部分土地为天然草地植被所覆盖，它是欧亚大陆草原的重要组成部分（刘永志，1990）。内蒙古自治区呼伦贝尔市、兴安盟和锡林郭勒盟等地区由于草地连续分布、枯草期长和气候干旱等原因草原火灾频繁发生，而且随着近几年的退耕还草等生态工程的实施，一些曾经生态退化严重、植被覆盖度低、可燃物量少的区域，由于植被覆盖度和可燃物含量的不断增加形成了新的易火区。

火（Fire）是地球生态系统中非常重要和不可避免的干扰因子。火具有两面性：一方面，是草地改良的有效措施，例如火烧可以清除枯草、寄生虫卵和病菌，还能够控制灌木以获得有利于牲畜放牧的亚顶级群落；另一方面，如果失去控制形成草原火灾就会具有破坏性的一面。草原火灾（Grassland Fire）是指在失控条件下发生发展，并给草地资源、畜牧业生产及其生态环境等带来不可预料损失的草地可燃物（牧草枯落物、牲畜粪便等）的燃烧行为（刘桂香，2008）。草原火灾具有突发性强的特点，草原火灾不仅危及人的生命财产安全，还会对草地生态系统产生影响，甚至会破坏草地生态平衡，是重大的灾害之一（苏和，刘桂香，2004）。草原火灾会使国家和

1

人民的生命财产遭受严重损失，例如，1972 年内蒙古自治区锡林郭勒盟西乌旗一次特大草原火灾就烧死 71 人，并且造成一些受灾牧户倾家荡产，瞬间成为畜无一头的困难户（刘桂香，2008）。在 2010 年 12 月 5 日，四川省甘孜州道孚县发生草原火灾，过火面积约 500 亩（1 亩 $\approx 667\text{m}^2$，全书同），导致包括 15 名战士、5 名群众、2 名林业职工在内共 22 人遇难，3 人重伤（http：//www.chinanews.com/tp/hd/2010/12－06/17724.shtml，2010）。火灾会释放大量的改变地球大气化学成分的温室气体和气溶胶，这将会导致全球气候的变化，也会引起大气环境的污染（梁芸，2004）。此外，草原火灾还会使草地退化、土壤侵蚀和引起森林火灾等。因此，研究草原火灾具有重要的现实意义和长远的历史意义。

国务院发布的《国家突发公共事件总体应急预案》中将草原火灾事件纳入到重大突发事件。《国家中长期科学和技术发展规划纲要》中的农林生态安全与现代林业优先主题中，草原火灾防灾减灾研究被明确列为主要研究课题。草原火灾快速监测、火险预警、风险评价、损失评估和生态环境影响评价等应急关键技术在国务院发布的《关于"十一五"期间国家突发公共事件应急体系建设规划的实施意见》和《"十一五"期间国家突发公共事件应急体系建设规划》中列为主要任务之一，提出须进行草原火灾应急管理工作中所需的应急管理的理论基础研究，以及确定相关指标体系，开展草原火灾应急管理示范项目建设，对草原火灾损失评估、防灾减灾相关技术和装备设备进行开发和研究，加强草原火灾的防灾减灾综合能力（佟志军，2009）。

我国的天然草原多分布在北方的地区，草原地区人口密度低，道路密度不高，如果靠地面监测，将会延误，失去最佳的灭火时机。草原火正在燃烧时，扑灭人员需要及时获知火场范围，但是由于草原火灾的特殊性，地面调查和监测很难准确地掌握火场的整体情况，这对判断火势的发展趋势，以及对下一步的扑救工作的部署都带来困难。卫星遥感具有较高的时空分辨率，可以同时监测大范围的火情，可对火势的发展进行动态监测，能够提供较精确的火点面积和对火点的位置进行精确定位。目前，遥感技术已在火灾监测中得到广泛应用，遥感手段已成为草原火灾监测必不可少的技术手段，Terra 和 Aqua 卫星上搭载的中分辨率成像光谱仪（MODIS）从设计上就是要最大限度地提供最佳的观察定位数据，能够获得多时相的火灾探测产品（刘玉洁，杨忠东等，2001）。在草原火灾的灾前预警、火点面积估算、风险评估、损失评价和环境影响评价等阶段遥感能提供必要的数据支持，再结合地理信息系统技术进行空间分析并统计和绘制专题图，可以在草原火灾的监测、预警、风险评价、损失评估和生态环境影响评价中提供数据源，为草原火灾应急管理工作提供支持，为草原火灾应急管理和防灾减灾提供良好服务。

本书是以草原火灾应急管理的实用技术研究开发为主要研究内容，基于3S 技术进行草原枯草期可燃物量遥感估测方法、草原火灾预警、草原火灾亚像元火点面积估测、草原火灾风险评价、草原火灾损失评估和草原火灾生态环境影响评价等研究，最终获得关键技术的突破，建立比较完善的集草原火灾应急管理技术体系，为有效地防范草原火灾提供技术支持。从根本上把草原火灾的损失减少到最低限度，为巩固绿化成果、保护生态环境、稳定社会治安和实现经济可持续发展工作提供服务。

参考文献

陈世荣 . 2006. 草原火灾遥感监测与预警方法研究 ［D］. 北京：中国科学院研究生院 .

冯蜀青，肖建设，校瑞香，等 . 2008. 基于 EOS/MODIS 的亚像元火情监测方法 ［J］. 草业科学，3：130 – 132.

傅泽强，王玉彬，王长根 . 2001. 内蒙古干草原春季火险预报模型的研究 ［J］. 应用气象学报，12 （2）：202 – 209.

韩启龙，张国民，才旦卓玛 . 2005. 海北州草原火源分析及管理对策 ［J］. 青海草业，14 （3）：47 – 48.

李兴华，郝润全，李云鹏 . 2001. 内蒙古森林草原火险等级预报方法研究及系统开发 ［J］. 内蒙古气象，3：32 – 35.

李兴华，吕迪波，杨丽萍 . 2004. 内蒙古森林、草原火险等级中期预报方法研究 ［J］. 内蒙古气象，4：35 – 37.

梁芸 . 2004. 甘肃省森林、草原火灾定量判识方法研究 ［J］. 干旱气象，22 （4）：60 – 63.

刘诚，李亚军，赵长海，等 . 2004. 气象卫星亚像元火点面积和亮温估算方法 ［J］. 应用气象学报，15 （3）：273 – 280.

刘桂香，宋中山，苏和，等 . 2008. 中国草原火灾监测预警 ［M］. 北京：中国农业科学技术出版社 .

刘桂香，苏和，色音巴图，等 . 2002. 内蒙古草原火灾预测预报的探讨

[C]. 中国科协 2002 年减轻自然灾害研讨会论文汇编：8 - 10.

刘玉洁，杨中东，等 . 2001. MODIS 遥感信息处理原理与算法 [M]. 北京：科学出版社 .

裴浩，敖艳红，李云鹏，等 . 1996. 利用极轨气象卫星监测草原和森林火灾 [J]. 干旱区资源与环境，2：74 - 80.

苏和，刘桂香 . 1998. NOAA 卫星地面接收系统及其火灾监测中的应用 [J]. 中国农业资源与区划，5：38 - 40.

苏和，刘桂香 . 1996. 草原火灾监测系统及应用 [J]. 中国草地，5：66 - 69.

苏和，刘桂香 . 2004. 锡林郭勒草原近 40 年火灾分析 [J]. 草业科学（增刊）：143 - 145.

苏和，刘桂香 . 1995. 应用 NOAA 卫星数据监测与评估内蒙古草原火灾的初步探讨 [J]. 中国草地，2：12 - 14.

魏永林，宋理明，马宗泰，等 . 2007. 海北地区天然草地（冷季）草畜平衡分析及对策 [J]. 青海草业（3）：43 - 46.

徐柱 . 1998. 面向 21 世纪的中国草地资源 [J]. 中国草地（5）：1 - 8.

张继权，刘兴朋，周道玮，等 . 2006. 基于信息矩阵的草原火灾损失风险研究 [J]. 东北师大学报（自然科学版），38（4）：129 - 134.

章祖同，等 . 1990. 内蒙古草地资源 [M]. 呼和浩特：内蒙古人民出版社 .

周伟奇，王世新，周艺，等 . 2004. 草原火险等级预报研究 [J]. 自然灾害学报，13（2）：75 - 79.

Dozier J. 1981. A method for satellite identification of surface temperature fields of subpixel resolution. Remote Sensing of Environment, 74（3）：33 - 38.

Tong Zhijun, Zhang Jiquan, Liu Xingpeng. 2009. GIS - based risk assessment of grassland fire disaster in western Jilin province, China. Stochastic Environmental Research and Risk Assessment, 23：463 - 471.

Watson K, Rowen L C, Offield T W. 1971. Application of thermal modelingin the geologic interpretation of IR images. Remote Sens Environ, 3：2 017 - 2 041.

第二章 枯草期可燃物量
遥感估测研究

第一节 引 言

一、研究意义与目的

草地上的可燃物是燃烧的物质基础。草地上的可燃物重量、可燃物的含水量、可燃物种类以及连续度等可燃物的特性决定着草原火灾的发生发展与火势的强度。草地上的枯黄植物是草地火灾最重要可燃物，枯草期可燃物的空间分布特征随着时间不断变化，在整个枯草期的 6 个月可燃物的重量不断减少。

内蒙古自治区位于我国北部边疆，处于欧亚大陆的腹地，大部分土地为天然草地植被所覆盖，它是欧亚大陆草原的重要组成部分（刘永志，1990）。受地带性水热条件等气象因子的影响，内蒙古草原可燃物量的分布规律基本遵循草地类型的分布规律，除沙地草地和隐域性的草地类型外，其他草地类型植被的高度、盖度及可燃物量在径向上从东向西递减，在纬向上从北向南递增：草甸草原主要分布在内蒙古自治区呼伦贝尔盟、兴安盟、锡林郭勒盟东部，草群高度 25～45cm，草群盖度 45%～85%，可燃物量 1 465kg/hm^2；典型草原主要分布在呼伦贝尔高平原东部至锡林郭勒盟高平原，草群高度 15～35cm，草群盖度 35%～70%，可燃物量 840～1 800kg/hm^2；荒漠草原主要分布在内蒙古自治区中西部，草群高度 15～25cm，草群盖度 30%～50%，可燃物量 172～1 030kg/hm^2；草原化荒漠主要分布在内蒙古自治区乌兰察布高原西部至阿拉善东部鄂尔多斯西部等，草群高度 10～25cm，草群盖度 15%～30%，可燃物量 327～846kg/hm^2；荒漠主要分布在内蒙古自治区乌兰察布高原西部以西，草群高度 5～20cm，草群盖度 10%～20%，可燃物量 294～585kg/hm^2。全区春秋两季降水少、天气干燥、多大风，生产上又有烧荒、烧麦茬的习惯，加之大部分草原、森林区人烟稀少交通不便，用火管理难度较大，草原、森林火灾时有发生，造成对国家及人民生命财产的损失（裴浩，1996）。

草地可燃物量的时间变异，既有年际的变化，也有季节的差异。草地可燃物量年度生物量主要是受降水和气温的影响，其次也受利用程度的影响。当9月中旬牧草进入枯草期可燃物量处于高峰时，由于牲畜采食、践踏和自然消耗，草地可燃物量越来越少，到翌年5月底，牧草返青时止，枯草期的可燃物量最低，有些地区已降到可燃物量的可燃物临界线（50g/m²）以下。

随着退牧还草、京津风沙源治理等草原保护建设重点工程的全面实施，草原禁牧休牧面积不断扩大，项目区草原植被得到有效恢复。在很多项目区，昔日的严重退化草原已经是绿草油油，可燃物载量急剧上升，高火险等级的草原面积不断扩大。例如，内蒙古自治区鄂尔多斯市项目区的草群盖度由禁牧前的30%提高到现在的50%～70%，高度由30～50cm提高到70～100cm。甚至连内蒙古自治区阿拉善项目区近年也发生多次草原火灾（刘桂香，2008）。

草原火险预报对于降低草原火灾损失具有非常重要的作用。草原火险的影响因素有可燃物、大气湿度、风速、风向、大气温度和地形等，其中可燃物是燃烧的物质基础，可燃物量与草原火险等级具有高度正相关关系。枯草期的可燃物主要是草地植被的枯枝落叶，一般不易分解，极易积累致燃（刘桂香，2008）。因此，及时准确地掌握可燃物量时空分布的动态变化对提高草原火险预报准确率具有重要意义。

本章在总结分析前人研究工作的基础上，利用内蒙古草原不同类型草地枯草期野外实测可燃物月动态数据和准同步的EOS/MODIS数据，分别针对草甸草原、典型草原、荒漠草原、草原化荒漠和荒漠等草地类型建立基于EOS/MODIS数据的枯草期可燃物量遥感估测模型，为提高草原火险预报工作的准确性提供技术支持。

二、国内外相关研究

目前，国内外对生长季牧草生物量的遥感监测研究较多，而对枯草期可燃物量的研究较少。通过阅读大量外文文献没有找到关于枯草期可燃物量遥感监测的国外的相关研究，这可能与国外对冷季牧草利用率较低有关。

国内枯草期可燃物量的相关研究主要有以下3种类型。

第一种，魏永林等依据草原站和气象试验站等部门提供的草场调查和定点测定的牧草产量数据进行冷季牧草现存量的研究（魏永林，2007）。

第二种，利用牧草的保存率来估算冷季牧草量。例如，杨文义等利用

1988—1997 年对内蒙古锡林郭勒盟草甸草原、典型草原和荒漠草原观测的牧草产量，并利用各个气象站的气象资料与同期的 NOAA/AVHRR 遥感卫星数据构建了牧草产量达峰值时的不同草原类型的牧草产量鲜重（kg/km²）估产模型，再根据冷季不同类型草地牧草保存率计算冷季牧草现存量（杨文义，2001）；崔庆东等根据 2007 年 10 月至 2008 年 4 月野外实地测量牧草现存量的相关数据，以 10 月份牧草现存量为基数，分别计算草甸草原、典型草原、荒漠草原和沙地植被四种草地类型冷季每月牧草保存率，制作成冷季枯草指数查找表，分析了研究区内 4 种草地类型的牧草保存率的变化趋势（崔庆东，2009）。

第三种，利用遥感数据和地面实测数据建立回归模型后利用遥感监测估计可燃物量。例如，裴浩等将极轨气象卫星 NOAA/AVHRR 资料的第 1～第 4 通道的探测值与准同步获得的地面实测牧草量数据进行相关分析，发现草地枯草量与 AVHRR 第 1 和第 2 通道的探测值均有显著的负相关关系。因此，基于地面实测枯草量数据和与其对应时期的 NOAA/AVHRR 第 1 和第 2 通道探测值，通过回归分析方法得到了枯草量（DGW）遥感监测模型（裴浩，1995）；崔庆东以锡林郭勒草原为研究区，利用 MODIS 数据及地面调查数据，通过 SPSS 统计软件分析枯草指数与地面实测冷季牧草量的相关性，分别建立了针对草甸草原、典型草原、荒漠草原和沙地植被等四种草地类型从 11 月至翌年 4 月每月牧草现存量估测模型，利用模型反演了锡林郭勒盟冷季牧草现存量的分布图，对锡林郭勒盟的冷季牧草的时间和空间分布规律及特征进行了详细的分析（崔庆东，2009）。

第二节　研究内容与方法

一、研究内容

利用 2007—2012 年内蒙古草原不同类型草地枯草期野外实测可燃物月动态数据和准同步的 EOS/MODIS 数据，分别针对草甸草原、典型草原、荒漠草原、草原化荒漠和荒漠等草地类型建立基于 EOS/MODIS 数据的枯草期可燃物量遥感估测模型，为提高草原火险预报工作的准确性提供技术支持。

二、数据

在 2007 年 11 月至 2012 年 4 月每年枯草期的 6 个月（11 月至翌年 4 月）在内蒙古草甸草原、典型草原、荒漠草原等 3 类草地可燃物现存量野外测定，草原化荒漠和荒漠的可燃物现存量数据来源于内蒙古草原勘察设计院

2009 年和 2010 年测定的可燃物现存量数据。草本测定样方为 1m×1m，灌木半灌木测定样方为 10m×10m，重复 3 次后取平均值。可燃物的现存量获取是对样方内的可燃物进行齐地剪掉，然后在烘箱内烘干后对其质量进行称重。除了测得可燃物重量以外，还要记录样方的精确经纬度和高程信息，同时调查样方所在区域的地形地貌和土壤类型等信息，并详细记录在调查表格上。

本章中所用到的遥感数据来源于美国国家航空航天局（NASA）网站。利用 2007 年 11 月至 2012 年 4 月与野外实测可燃物月动态数据准同步的内蒙古自治区范围内的 8d 合成 MODIS 数据地面反射率产品，将反射率产品进行投影转换后按内蒙古自治区的行政界线裁剪，同时将野外可燃物月动态样地的经纬度信息转换成矢量数据后与影像图进行叠加分析获取相应点的 MODIS 数据各通道的反射率值，为下一步的相关分析和建立模型做准备。

内蒙古草原地区在枯草期多有积雪覆盖，如果在进行相关分析和建立模型时不剔除被雪覆盖区的样本，将会降低相关分析的准确性和模型的精度。因此，在进行相关分析前先利用归一化差分积雪指数（NDSI）进行积雪判识。NDSI 是基于雪对可见光和短红外波段的反射特性和反射差的相对大小的一种测量方法（刘玉洁，2001），计算公式如下：

$$NDSI = (CH_4 - CH_6) / (CH_4 + CH_6)$$

式中，CH_4 为 MODIS 数据第 4 通道的反射率，CH_6 为 MODIS 数据第 6 通道的反射率。

通常，当 $NDSI > 0.4$、CH_2 的反射率 $> 11\%$ 且 $CH_4 > 10\%$ 时判定为雪。

三、研究方法

土壤和枯草的反射光谱曲线有明显的差异，在可见光波段和近红外波段枯草层的反射率低于土壤的反射率。当地表的枯草量不同时其反射率也不同：地面完全裸露时其反射率最高；而当地面完全被枯草覆盖时反射率最低；地面被枯草覆盖程度处于两者之间时反射率也处于最高、最低之间（裴浩，1995）。我们可以认为同类草地在相同植被覆盖度下的可燃物重量基本相同，因此，我们可以分草地类型建立反射率与可燃物重量之间的经验模型。

利用 SPSS 统计分析软件对实测的内蒙古不同类型草地枯草期可燃物重量数据和同期相应点的 EOS/MODIS 的 1 通道和 2 通道反射率数据进行相关分析，确定建立经验模型时使用的 EOS/MODIS 反射率通道，再通过回归分析法建立内蒙古不同类型草地的枯草期可燃物重量遥感估测模型。

第三节　结果与分析

一、相关分析

利用 SPSS 软件对不同类型草地的可燃物野外实测数据与相同点准同步 MODIS 数据第 1（RCH₁）和第 2（RCH₂）通道反射率值分别生成散点图，见图 2 - 3 - 1。

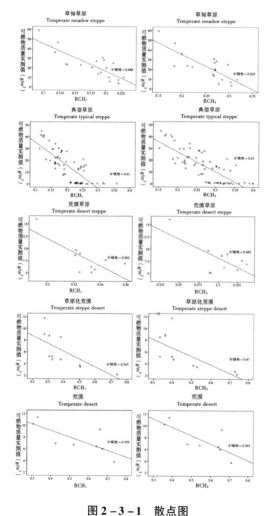

图 2 - 3 - 1　散点图

Fig. 2 - 3 - 1　The scatter diagram

从上面的散点图看，每张图中的两组数据都存在相关关系见表 2 - 3 - 1。

表 2 - 3 - 1　可燃物重量实测值与 EOS/MODIS 数据 1 和 2 通道反射率的相关系数
Table. 2 - 3 - 1　The correlation coefficient between the fuel weight with
EOS/MODIS RCH1 and RCH2

草地类型 Grassland type	可燃物存量 - CH1 反射率 EAC - RCH1	可燃物存量 - CH2 反射率 EAC - RCH2	样本数 Sample number
草甸草原 Temperate meadow steppe	- 0.828 **	- 0.783 **	45
典型草原 Temperate typical steppe	- 0.794 **	- 0.781 **	66
荒漠草原 Temperate desert steppe	- 0.814 **	- 0.794 **	35
草原化荒漠 Temperate steppe desert	- 0.846 **	- 0.800 **	43
荒漠 Temperate desert	- 0.776 **	- 0.797 **	33

注：＊＊相关性高度显著，＊显著相关；EAC 为可燃物现存量。

Note：＊＊ highly significant correlation，＊ significant correlation；EAC mean existing amount of combustible

从以上分析可知，在各类型草地 MODIS 数据第 1 通道和第 2 通道的反射率值与可燃物现存量均呈现负相关关系。在草甸草原、典型草原、荒漠草原和草原化荒漠 EOS/MODIS 数据第 1 通道反射率与可燃物现存量的相关系数高于 EOS/MODIS 数据第 2 通道与可燃物现存量的相关系数；在荒漠 EOS/MODIS 数据第 2 通道与可燃物现存量的相关系数高于 EOS/MODIS 数据第 1 通道与可燃物现存量的相关系数。据此，利用 EOS/MODIS 数据第 2 通道的反射率值建立了荒漠枯草期可燃物量估测模型；利用 EOS/MODIS 数据第 1 通道的反射率值建立了另外 4 类草地枯草期可燃物量估测模型。

二、建立模型

在建立模型时选择了一元线性回归、二次曲线和对数曲线等 3 种模型。用 SPSS 软件以 MODIS 数据第 1 通道的反射率值为自变量，可燃物实测值为因变量，分别对草甸草原、典型草原、荒漠草原、草原化荒漠和荒漠等草地类型建立了可燃物现存量的一元线性回归、二次曲线和对数曲线模型，见表 2 - 3 - 2。

表 2 - 3 - 2　枯草期可燃物重量估测模型

Tab. 2 - 3 - 2　The inversion models of fuel weight in the scorch stage

草地类型 Grassland type	模型 Model	相关系数 R	显著性 Sig.
草甸草原 Temperate meadow steppe	$Y = -298.511X + 76.991$	0.686	0.000
	$Y = -43.5\ln X - 52.244$	0.726	0.000
	$Y = 120.934 - 932.541X + 2101.478X^2$	0.732	0.000
典型草原 Temperate typical steppe	$Y = -238.319X + 82.984$	0.793	0.000
	$Y = -55.636\ln X - 54.860$	0.716	0.000
	$Y = 136.386 - 708.654X + 992.356X^2$	0.757	0.000
荒漠草原 Temperate desert steppe	$Y = -63.120X + 20.764$	0.663	0.000
	$Y = -15.38\ln X - 16.462$	0.651	0.000
	$Y = 18.279 - 42.966X - 40.119X^2$	0.664	0.000
草原化荒漠 Temperate steppe desert	$Y = -24.694X + 9.201$	0.716	0.000
	$Y = -6.099\ln X - 5.515$	0.716	0.000
	$Y = 12.052 - 47.633X + 44.827X^2$	0.724	0.000
荒漠 Temperate desert	$Y = -14.424X + 6.284$	0.635	0.000
	$Y = -4.763\ln X - 3.792$	0.650	0.000
	$Y = 16.157 - 75.152X + 92.057X^2$	0.669	0.000

注：显著性（Sig.）小于 0.01 时为高度显著，小于 0.05 大于 0.01 时为显著相关。

Note：highly significant correlation when Sig. <0.01，significant correlation when 0.01 < Sig. <0.05

通过分析表 2 - 3 - 2 中各模型的相关系数和显著性后，最终确定的各类型草地的可燃物现存量最优估测模型见下表 2 - 3 - 3。

表 2 - 3 - 3　枯草期可燃物重量估测模型

Tab. 2 - 3 - 3　The inversion models of fuel weight in the scorch stage

草地类型 Grassland type	模型 Model	相关系数 R	显著性 Sig.
草甸草原 Temperate meadow steppe	$Y = 120.934 - 932.541X + 2101.478X^2$	0.732	0.000
典型草原 Temperate typical steppe	$Y = -238.319X + 82.984$	0.793	0.000
荒漠草原 Temperate desert steppe	$Y = 18.279 - 42.966X - 40.119X^2$	0.664	0.000
草原化荒漠 Temperate steppe desert	$Y = 12.052 - 47.633X + 44.827X^2$	0.724	0.000
荒漠 Temperate desert	$Y = 16.157 - 75.152X + 92.057X^2$	0.669	0.000

注：显著性（Sig.）小于 0.01 时为高度显著，小于 0.05 大于 0.01 时为显著相关。

Note：highly significant correlation when Sig. <0.01，significant correlation when 0.01 < Sig. <0.05

第四节　小　结

本章以内蒙古草原为研究区，利用 EOS/MODIS 数据和地面调查数据，通过相关性分析获知可燃物质量与 MODIS 数据第一通道、第二通道光谱反射率均有显著的负相关关系，在草甸草原、典型草原、荒漠化草原和草原化荒漠第一通道反射率比第二通道反射率相关性更高；在荒漠第二通道反射率比第一通道反射率相关性更高。

按照研究区五种草地分别建立了枯草期可燃物量估测的一元线性回归、二次曲线和对数曲线等3种模型，从中选出最优估测模型反演了2010年11月至2011年4月的研究区的可燃物量分布图，分析了内蒙古枯草期可燃物的时空分布特征。通过对模型进行精度检验后得知反演结果和实测数据具有较好的相关性。因此，可以认为利用 EOS/MODIS 数据的第1通道和第2通道的反射率数据进行枯草期可燃物量的遥感反演是可行的。

本研究在枯草期可燃物量的遥感估测方面做了有益的探讨，建立可燃物量遥感估测模型可以及时获得大范围草原地区的可燃物量时空分布情况，这将会提高草原火灾预警的准确性和及时性。该模型弥补了以往在进行草原火险预警研究时以生长季的生物量为评价指标所引起的误差，为草原火灾预警提供了技术支持。另外，该方法还可以进一步推广到我国其他北方草原地区，为提高全国草原火灾预测预警工作提供科学技术支持。

参考文献

崔庆东，刘桂香，卓义. 2009. 锡林郭勒草原冷季牧草保存率动态研究 [J]. 中国草地学报，31（1）：102-108.

崔庆东. 2009. 冷季天然草地牧草现存量估测技术研究——以锡林郭勒草原为例 [D]. 北京：中国农业科学院.

冯德成. 2008. 朝阳区森林可燃物载量的遥感估测研究 [D]. 昆明：西南林学院.

金森. 2006. 遥感估测森林可燃物载量的研究进展 [J]. 林业科学，42（12）：63-67.

刘桂香，宋中山，苏和，等. 2008. 中国草原火灾监测预警 [M]. 北京：中国农业科学技术出版社.

裴浩，李云鹏，范一大．1995．利用气象卫星 NOAA/AVHRR 资料监测温带草原枯草季节牧草现存量的初步研究［J］．中国草地，6：44－47．

唐荣逸．2007．云南松林可燃物载量的遥感估测研究［D］．昆明：西南林学院．

魏永林，宋理明，马宗泰，等．2007．海北地区天然草地（冷季）草畜平衡分析及对策［J］．青海草业，3（16）：43－46．

魏云敏．2007．利用遥感影像估测塔河地区森林可燃物载量的研究［D］．哈尔滨：东北林业大学．

温庆可，张增祥，刘斌，等．2009．草地覆盖度测算方法研究进展［J］．草业科学，26（12）：30－36．

杨文义，王英舜，贺俊杰．2001．利用遥感信息建立草原冷季载畜量计算模型的研究［J］．中国农业气象，22（1）：39－42．

Garcia M, Chuvieco E, Nieto H, et al. 2008. Combining AVHRR and meteorological data for estimating live fuel moisture content［J］. Remote Sensing of Environment, 112（9）: 3 618－3 627.

J Verbesselt, B Somers, S Lhermitte, et al. 2007. Monitoring herbaceous fuel moisture content with SPOT vegetation time－series for fire risk prediction in savanna ecosystems［J］. Remote Sensing of Environment, 108: 357－368.

Yebra M, Chuvieco E, Riaño D. 2008. Estimation of live fuel moisture content from MODIS images for fire risk assessment［J］. Agricultural and Forest Meteorology, 148: 523－536.

第三章　内蒙古草原火险预警方法研究

第一节　引　言

一、研究意义与目的

在世界许多国家和地区，火（Fire）在草地上仍然是一个影响很大的生态因子（周寿荣，1996）。火关系草地植物群落的演替，对土壤等环境因素发生影响，也关系牧草的利用（周寿荣，1996）。

草原火险（Grassland Fire Danger）是指在某一地区某一时间段内着火的危险程度，或者说是着火的可能性。草原火险等级预报对于降低草原火灾损失具有非常重要的作用，根据时效的长短可分为短期预报、中期预报和长期预报。短期预报是预报未来 24~48h 草原火险情况；中期预报是对未来 3~15d 的预报；长期预报常指 1 个月到 1 年的预报。

草原火险等级预报中指标的选择是核心与关键，草原火险通常受可燃物特征、气象因子和地形等多种因素的综合影响。其中，地面堆积的可燃物多少是草地起火的关键因素（刘桂香，2008），可燃物重量与草原火险等级具有高度正相关关系。在广泛阅读国内外相关文献后发现，目前草原火险等级预报研究中的可燃物重量都是基于生长季的植被来计算的。而我国北方草原火灾的发生时期主要是在春季的 3—6 月和秋季的 9—11 月，也就是说主要的防火期其实是在枯草季节，如果选择生长季节作为构建草原火险指数的指标的话，计算结果误差会比较大。

本章利用 EOS/MODIS 数据和内蒙古不同类型草地枯草期野外实测可燃物月动态数据建立基于 EOS/MODIS 数据的枯草期遥感估测模型，在此基础上选择了积雪覆盖、可燃物重量、草地连续度、日降水量、日最小相对湿度、日最高气温、日最大风速等 7 个指标建立了进行短期预报的草原火险指数模型，应用该模型将内蒙古草原的火险状态划分为没有危险、低度危险、中度危险、高度危险、极度危险5级。该模型的建立与应用将会提高我国北方草原地区草原火险等级预报的精度，为各级草原火灾应急管理部门的防火工作提供技术支持。

二、国内外相关研究

草原火险预警可以通过构建草原火险指数来实现。国外在20世纪80年代以前主要是依据温度、湿度和风速等气象因子来构建草原火险指数，80年代以后开始了遥感数据、气象因子、可燃物特征和地形等多因子综合分析的草原火险预警研究。

我国在2000年之前关于草原火险预警的研究是基于以大气温度、湿度和风速等气象因子的单因子预测。如李德脯等利用空气温度、湿度和风速制定了修正的有效湿度火险预报法和具体的火险气象指标（李德甫，1989）。袁美英、许秀红等将气温和风速作为增因子，降水和相对湿度作为减因子，将草原火险等级按无危险到极高危险划分为5级后采用模糊数学方法分析草原火险与气象要素的关系，建立气象要素在各级的贡献度指标，再根据实际情况进行返青期、枯萎期和枯霜期订正（袁美英，1997），并用C语言和图形图像处理等方法编制了火险数据库子系统（许秀红，1997）。李春云等在考虑了影响可燃物干燥程度的前期气象要素，特别是持续无明显降水的情况，又考虑了预报日的气象要素和天气预报的基础上，研制草原火险等级预报方法，收效明显（李春云，1997）。傅泽强等利用内蒙古锡林郭勒盟地区1986—1997年的草原火灾及同期气象资料，综合考虑了火灾发生当日及前期气象要素对草原火险的影响，采用数学模拟的建模方法研制了该地区重点火险区域（包括4个旗、市）的春季草原火险天气预报模型（傅泽强，2001）。李兴华等利用相关分析法选择了森林草原火灾与气象条件密切的因子，应用判别分析的方法建立了基于气象因子的内蒙古自治区东北部森林草原火险等级预报系统（李兴华，2001；2004）。

近年来，国内一些学者相继提出了包括气象要素、遥感数据、地形和地面观测等多因子综合的草原火险预警方法，如周伟奇等利用大气温度、大气相对湿度、风速、降水量、枯草率、可燃物干重和草地连续度等7个基本指标构造了基于遥感的草原火险指数，将研究区域的火险状态划分为低、中、高和极高4个等级用来预测草原火灾发生的可能性、扩展速度和扑灭难度（周伟奇，2004）；陈世荣等在分析草原火灾发生和遥感信息传输机理的基础上，利用遥感反演的植被叶面水分、陆地地表温度、枯草率、可燃物重量和草地连续度 5 个基本指标构造了基于遥感的草原火险指数，并用该指数衡量草原火灾发生的可能性、扩展速度和扑灭难度（陈世荣，2006）。刘桂香等考虑时间、气象因素和可燃物的动态变化，通过不同时间的干燥度动态分布图来和基于遥感影像得到的可燃物动态分布图来实现草原火险动态图，并决定火险等级（刘桂香，2008）。

第二节　研究内容与方法

一、数据准备

可燃物量数据是利用 EOS/MODIS 应用在第二章中建立的模型反演的 2010 年 11 月至 2011 年 4 月每月可燃物量的数据。

火点资料来源于 2005 年 1 月至 2012 年 3 月内蒙古地区火点遥感监测信息；气象资料是研究区域内 118 个站点的日最高气温、日最小相对湿度、日最大风速、日降水量等要素逐日气象资料（1970—2011 年）；土地利用数据来源于《内蒙古自治区国土资源遥感综合调查》项目成果的 1：10 万的土地利用现状图。

1. 积雪判识

归一化差分积雪指数（NDSI）是基于雪对可见光与短红外波段的反射特性和反射差的相对大小的一种测量方法。对 EOS/MODIS 资料而言，监测积雪时应使用 EOS/MODIS 数据的通道 4 的反射率和通道 6 的反射率计算 NDSI（刘玉洁，2001），计算公式如下。

$$NDSI = (CH_4 - CH_6) / (CH_4 + CH_6)$$

式中，CH_4 为通道 4 的反射率，CH_6 为通道 6 的反射率。

如果 $NDSI \geq 0.4$ 且 CH_2 反射率 $> 11\%$、CH_4 反射率 $< 10\%$ 时判定为雪。

2. 可燃物量

可燃物量的计算是利用第二章中建立的遥感估测模型反演了内蒙古各类草地枯草期可燃物量的数据，并将反演结果进行归一化处理。

3. 草地连续度

利用内蒙古土地利用现状遥感调查 1：10 万的土地利用现状图成果计算草地连续度，计算公式如下（陈世荣，2006）。

$$草地连续度 = \left\{ \frac{\displaystyle\sum_{i=1}^{N} S_i}{N \times S_r} \right\} \times 100\%$$

式中，S_i 为区域内各个斑块的面积；N 是区域内斑块的数目；S_r 是区域总面积。通过归一化处理，得到草地连续度指数。

4. 气象数据

将日降水量、日最小相对湿度、日最高气温、日最大风速等气象站点的数据经过差值计算生成栅格数据，再进行投影转换和多边形裁剪等预处理后进行归一化处理，变成介于 0 到 1 之间的指数。

二、研究方法

草原火险等级短期预报的因子为日最高气温、日最小相对湿度、日最大风速、日降水量和雨晴日数。但草原火灾的发生通常是受可燃物、气象要素和地形等多因子综合影响的结果，因此，基于气象要素的单因子预报往往会使预报产生较大误差。为了减少预报误差，我们选择了积雪覆盖、可燃物重量、草地连续度、日降水量、日最小相对湿度、日最高气温、日最大风速等 7 个指标进行草原火险等级短期预报研究。由于内蒙古草原火灾的发生通常是在枯草季节，所以，雨晴日数的影响相对较小；内蒙古草原地区地形相对平坦，所以草原火险等级受坡度坡向的影响相对较小。因此，本章没有选择雨晴日数和地形因子作为草原火险指数计算的指标。构建草原火险指数（Grassland Fire Danger Index，GFDI）模型时各指标的权重采用层次分析法（Analytic Hierarchy Process，AHP）确定。

第三节 结果与分析

一、确定指标权重

充分分析各指标的关系后建立一个由目标层、准则层和方案层组成的层次结构，见图 3 - 3 - 1。

1. 目标层

本章的目标层为内蒙古草原火险指数。

2. 准则层

本章的准则层由相对稳定因子和可变因子组成。

3. 方案层

在本层选择的因子分别是可燃物重量、草地连续度、日降水量、日最小

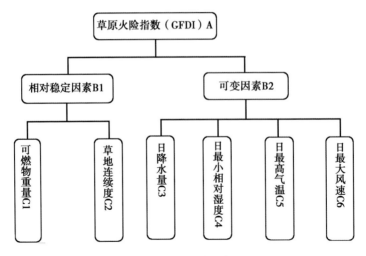

图 3 - 3 - 1　层次结构图

Fig. 3 - 3 - 1　Hierarchical chart

相对湿度、日最高气温和日最大风速。

在确定影响某个因素的诸因子在该因素中所占的比重时，采取了对因子进行两两比较建立成对比较判断矩阵的办法，采用数字 1 - 9 及其倒数作为标度，见表 3 - 3 - 1。

表 3 - 3 - 1　AHP 中标度及其含义

Tab. 3 - 3 - 1　Scale and its meaning in AHP

标度 Scale	含义 Meaning
1	表示两个因素相比，具有相同重要性
3	表示两个因素相比，前者比后者稍微重要
5	表示两个因素相比，前者比后者明显重要
7	表示两个因素相比，前者比后者强烈重要
9	表示两个因素相比，前者比后者极端重要
2，4，3，8	表示上述相邻判断的中间值
倒数	若因素 i 与因素 j 的重要性之比为 a_{ij}，那么因素 j 与 i 重要性之比为 $a_{ji} = 1/a_{ij}$

根据专家对各指标相对重要性的打分，并经过 AHP 方法计算，得到了 GFDI 中各个组成因子的权重，经过层次单排序和总排序的一致性检验后的结果见表 3 - 3 - 2。

表3-3-2 权重列表

Tab. 3-3-2 Weight table

目标层 Goal	准则层（权重）Criteria	方案层 Alternatives	权重 Weight
草原火险指数 A 1.0000	相对稳定因素 B1 0.8750	可燃物重量 C1	0.8333
		草地连续度 C2	0.1667
	可变因素 B2 0.1250	日降水量 C3	0.5472
		日最小相对湿度 C4	0.2113
		日最高气温 C5	0.1859
		日最大风速 C6	0.0556

二、预报模型的建立

具体预报方法如下。

当有积雪覆盖的情况下，不燃。

没有积雪覆盖的情况下，草原火险指数（Grassland Fire Danger Index，GFDI）计算公式如下。

$$GFDI = AX_1 + BX_2 - CX_3 - DX_4 + EX_5 + FX_6$$

式中，X_1 为可燃物重量、X_2 为草地连续度、X_3 为日降水量、X_4 为日最小相对湿度、X_5 为日最高气温、X_6 为日最大风速的值；A、B、C、D、E、F 分别是指标的给定权重值。

三、火险等级划分

将火险状况划分成 5 个等级，具体 GFDI 值和火险等级的对应关系和预防要求见表3-3-3。

表3-3-3 火险等级划分及预防要求

Tab. 3-3-3 Fire danger ranking and preventive request

GFDI 值 GFDI value	等级 Grade	易燃程度 Flammability	蔓延程度 Spread	危险程度 Criticality	预防要求 Preventive request
0～0.2	I	不燃	不能蔓延	没有危险	一般预防
0.2～0.4	II	难燃	难以蔓延	低度危险	一般预防
0.4～0.6	III	可燃	较易蔓延	中度危险	加强预防
0.6～0.8	IV	易燃	容易蔓延	高度危险	重点预防
0.8～1	V	极易燃	极易蔓延	极度危险	特别预防

第四节 小 结

可燃物量在草原火险预警研究中是具有很高的权重，之前草原火险预警研究都是基于生长季的可燃物量进行预警研究，而我国草原地区多分布于我国北方的干旱半干旱地区，其火灾通常是发生在枯草期，在生长季节发生火灾较少。很显然，如果应用生长季节可燃物量进行草原火险研究误差会较大，因此，本章中创新性地选用枯草期可燃物量作为计算草原火险指数的指标，另外增选了积雪覆盖、草地连续度、日降水量、日最小相对湿度、日最高气温、日最大风速等 6 个指标进行火险预警研究。各指标的权重采用层次分析法确定，建立了进行短期预报的草原火险指数模型，应用该模型将内蒙古草原的火险状态划分为没有危险、低度危险、中度危险、高度危险、极度危险 5 级。通过数据抽样回代检验进行预报模型的精度检验，火点落区拟合准确率达 96.42%，表明该草原火险等级短期预报方法对于火险等级的定量划分指标及其描述与实际基本相符合，可以用于草原火险短期预报的实际应用。

该模型是基于遥感和地理信息系统技术的考虑多个草原火灾影响因子的火险综合评价，运用该预报方法可以准确地预测火灾发生的可能性和蔓延的行为，可在草原防火期进行定期或不定期的草原火险短期（24~48h）的动态预报。模型的建立与应用将会提高我国北方草原地区草原火险等级预报的精度，给决策部门提供足够的时间做好防范工作，从而减少火灾发生次数和损失。

参考文献

陈世荣 . 2006. 草原火灾遥感监测与预警方法研究 ［D］. 北京：中国农业科学院 .

崔庆东，刘桂香，卓义 . 2009. 锡林郭勒草原冷季牧草保存率动态研究 ［J］. 中国草地学报，31（1）：102 - 108.

都瓦拉，刘桂香，玉山，等 . 2012. 内蒙古草原火险等级短期预报方法研究 ［J］. 中国草地学报，34（4）：87 - 92.

傅泽强，王玉彬，王长根 . 2001. 内蒙古干草原春季火险预报模型的研究 ［J］. 应用气象学报，12（2）：202 - 209.

李春云，戴玉杰，郑招云，等.1997. 哲里木盟草原火灾的气象条件分析及火险预报 [J].中国农业气象，18（3）：30-32.

李德甫，于国峰，王世录.1989. 草原林火与气象条件的关系及火险天气预报 [J].吉林林业科技，(5)：33-35.

李清清，刘桂香，都瓦拉，等.2013. 乌珠穆沁草原枯草季可燃物量遥感监测 [J].中国草地学报，35（2）：64-68.

李兴华，郝润全，李云鹏.2001. 内蒙古森林草原火险等级预报方法研究及系统开发 [J].内蒙古气象，(3)：32-34.

李兴华，吕迪波，杨丽萍.2004. 内蒙古森林、草原火险等级中期预报方法研究 [J].内蒙古气象，(4)：35-37.

李兴华，杨丽萍，吕迪波.2004. 内蒙古夏季森林火灾发生原因及火险等级预报 [J].内蒙古气象，(2)：27-29.

李兴华.2007. 内蒙古东北部森林草原火灾规律及预警研究 [D].北京：中国农业科学院.

刘桂香，宋中山，苏和，等.2008. 中国草原火灾监测预警 [M].北京：中国农业科学技术出版社.

刘兴朋，张继权，周道玮，等.2006. 中国草原火灾风险动态分布特征及管理对策研究 [J].中国草地学报，28（6）：77-82.

刘玉洁，杨忠东.2001. MODIS 遥感信息处理原理与算法 [M].北京：科学出版社.

马治华，刘桂香，李景平，等.2007. 内蒙古荒漠草原生态环境质量评价 [J].中国草地学报，29（6）：17-21.

裴浩，李云鹏，范一大.1995. 利用气象卫星 NOAA/AVHRR 资料监测温带草原枯草季节牧草现存量的初步研究 [J].中国草地，17（6）：44-47.

覃先林.2005. 遥感与地理信息系统技术相结合的林火预警方法的研究 [D].北京：中国林业科学研究院.

王娟，赵江平，张俊，等.2008. 我国森林火灾预测及风险分析 [J].中国安全生产科学技术，4（4）：41-45.

王丽涛，王世新，乔德军，等.2008. 火险等级评估方法与应用分析 [J].地球信息科学，10（5）：578-585.

许秀红，刘春生，赵友红.1997. 草原火险等级预报数据库子系统 [J].黑龙江气象，(3)：34-40.

袁美英, 许秀红, 邹立尧, 等 . 1997. 黑龙江省草原火险及其预报 [J].
黑龙江气象, (3): 37 – 39.

周伟奇, 王世新, 周艺, 等 . 2004. 草原火险等级预报研究 [J]. 自然灾害学报, 13 (2): 75 – 79.

J Pitman, G T Narisma , J McAneney. 2007. The impact of climate change on the risk of forest and grassland fires in Australia [J]. Climatic Change, 84 (3 – 4): 383 – 401.

Allyson A J Williams, David J Karoly , Nigel Tapper. 2001. The Sensitivity of Australian Fire Danger to Climate Change [J]. Climatic Change, 49 (1 – 2): 171 – 191.

Andrew Davidson, Shusen Wang, John Wilmshurst. 2006. Remote sensing of grassland – shrubland vegetation water content in the shortwave domain [J]. International Journal of Applied Earth Observation and Geoinformation, 8 (4): 225 – 236.

Bowers S A, Hanks R J. 1965. Reflection of radiant energy from soils [J]. Soil Science, 100 (2): 130 – 138.

Brigitte Leblon, Pedro Augusto Fernández García, Steven Oleford, et al. 2007. Using cumulative NOAA – AVHRR spectral indices for estimating fire danger codes in northern boreal forests [J]. International Journal of Applied Earth Observation and Geo – information, 9: 335 – 342.

Emilio Chuvieco, David Coceroa, David Riañoa, et al. 2004. Combining NDVI and surface temperature for the estimation of live fuel moisture content in forest fire danger rating [J]. Remote Sensing of Environment, 92 (3): 322 – 331.

J Verbesselt, B Somers, S Lhermitte, et al. 2007. Monitoring herbaceous fuel moisture content with SPOT VEGETATION time – series for fire risk prediction in savanna ecosystems [J]. Remote Sensing of Environment, 108: 357 – 368.

J Verbesselt, B Somers, J van Aardt, et al. 2006. Monitoring herbaceous biomass and water content with SPOT VEGETATION time – series to improve fire risk assessment in savanna ecosystems [J]. Remote Sensing of Environment, 101 (3): 399 – 414.

Krishna Prasad Vadrevu, Anuradha Eaturu, K V S Badarinath. 2010. Fire risk evaluation using multicriteria analysis – a case study ［J］. Environmental Monitoring and Assessment, 166: 223 – 239.

Lara A Arroyo, Cristina Pascual, José A Manzanera. 2008. Fire models and methods to map fuel types: The role of remote sensing ［J］. Forest Ecology and Management, 256 (6): 1 239 – 1 252.

Mariano Garcí A, Emilio Chuvieco, Héctor Nieto, et al. 2008. Combining AVHRR and meteorological data for estimating live fuel moisture content ［J］. Remote Sensing of Environment, 112 (9): 3 618 – 3 627.

Marta Yebra, Emilio Chuvieco, David Riaňo. 2008. Estimation of live fuel moisture content from EOS/MODIS images for fire risk assessment ［J］. Agricultural and Frost Meteorology, 148 (4): 523 – 536.

Peng Guangxiong, Li Jing, Chen Yunhao, et al. 2007. A forest fire risk assessment using ASTER images in Peninsular Malaysia ［J］. Journal of China University of Mining & Technology, 17 (2): 232 – 237.

Richard L Snyder, Donatella Spano, Pierpaolo Duce, et al. 2006. A fuel dryness index for grassland fire – danger assessment ［J］. Agricultural and Forest Meteorology, 139 (1 – 2): 1 – 11.

Toby N Carlson, Eileen M Perry, Thomas J. 1990. Schmugge. Remoteestimation of soilmoisture availability and fractional vegetation cover for agricultural fields ［J］. Agricultural and Forest Meteorology, 52 (1 – 2): 45 – 69.

Weiqi Zhou, Yi Zhou, Shixin Wang, et al. 2003. Early Warning For Grassland Fire Danger In North ［J］. Geoscience and Remote Sensing Symposium, 4: 2 505 – 2 507.

第四章　内蒙古草原火灾风险评价研究

第一节　引　言

一、研究意义与目的

草原火灾是指在失控条件下发生发展，并给草地资源、国家和人民生命财产及其生态环境带来不可预料损失的草原地面可燃物的燃烧行为（刘桂香，2008）。我国草原地区多分布在北方干旱半干旱地区，火种繁多且分散，防止火灾较难，起火后由于扑火设施落后，救灾的难度大，很多小火不能及时得到控制而最终酿成大灾。草原火灾不仅会造成生命财产损失，还会对生态环境造成严重影响，对边疆地区社会和经济的稳定和发展带来了严重影响。

新中国成立以来，我国几乎每年都发生数百起草原火险火灾，并时常伴有特大草原火灾发生。1991—2006 年全国共发生草原火灾 6 822 起，其中，特大草原火灾 81 起，重大草原火灾 337 起，受害草原面积 621.98 万 hm^2，死伤 224 人，烧死家畜 39 277 头（王宗礼，2009）。

内蒙古自治区是我国草原火险高发区，自 1949—1988 年统计，共发生草原火警火灾 5 510 起，烧毁草原 18 560 万 hm^2，并引发森林火警火灾 2 902 起，烧毁森林面积达 919 万 hm^2，火灾烧伤 1 213 人，死亡 472 人。2012 年 4 月 7 日由于高压输变线路受大风天气影响形成短路，内蒙古自治区锡林郭勒盟东乌珠穆沁旗满都宝力格镇额仁宝力格嘎查境内发生草原火灾，涉及满都宝力格镇额仁宝力格、套森诺尔、阿尔善宝力、额仁高毕、满都宝力格等 5 个嘎查，受灾牧户 120 户、烧毁草场 76 576 hm^2，死亡 2 人、轻伤 8 人，损失牲畜 19 936 头只，烧毁房屋 354m^2、棚圈 6 765 m^2 等地上物品。

草原火灾发生不仅关系可燃物量、可燃物类型和可燃物湿度等可燃物的特征，还与大气湿度、大气温度、风速和风向等气象因子和地形、人的影响等许多因子有关，具有随机性、不确定性和突发性等特点。如果不能做好预防和准备工作，将会导致人员伤亡和经济损失的加大。草原火灾风险评价是草原火灾应急管理的主要内容，是制定火灾应急预案的基础。评价结果能够帮助人们宏观地了解区域内突发草原火灾的概率和严重性，政府部门能够根据评价结果进行有关决策。

在灾害风险评价理论和 3S 技术支持下，对草原地区的火灾风险进行诊断，建立草原火灾风险评价体系，并采取相应的防火减灾对策来减少草原火灾的发生，对保障人民生命财产安全，促进社会、经济稳定发展和改善生态环境具有非常重要的意义。另外，草原火灾的风险评价研究还可以为我国草原地区其他灾害的风险评价研究提供借鉴作用。

本章选择内蒙古草原为研究区，简单介绍草原火灾风险评价相关的基本概念，将格雷厄姆－金尼法（LEC）和层次分析法（AHP 模型）等技术方法引入火灾风险评价领域，通过对草原火灾风险各因子的分析构建草原火灾风险评价指标体系和模型。通过层次分析法（AHP）计算出各草原火灾风险评价指标的权重，计算可能性（L）、风险发生的后果（C）和通过作业条件危险性评价法格雷厄姆－金尼法（LEC），然后利用加权综合评分法（WCA）计算各盟市的草原火灾风险指数（D），并在此基础上进行草原火灾风险分区。探讨草原火灾风险管理的理论、对策和途径，以期为防火减灾、制订应急预案提供科学依据。

二、国内外相关研究

风险评价研究是随着核工业的兴起而出现的，风险评价研究在 20 世纪 70 年代以前是以定性评价为主，70 年代以后逐渐发展成定量评价，目前在许多领域都有广泛应用。

联合国赈灾组织将自然灾害风险定义为是在一定的区域和给定的时段内由于某一自然灾害而引起的人们生命财产和经济活动的期望损失值（伊吉美，2010）。自然灾害风险研究是灾害学重要的研究内容，20 世纪初日本京都大学多多纳裕一教授提出了综合灾害风险管理理论。20 世纪 80 年代中期，发达国家开始注重环境整治和防灾减灾工作，因此，自然灾害风险研究也逐渐得到发展。Blaikie 等指出自然灾害是脆弱性、承灾体与致灾因子综合作用的结果（Blaikie，1994）。我国在自然灾害风险评估与管理方面相关的研究起始于 20 世纪 80 年代。

以往的草原火灾管理是以灾后的扑救和恢复建设为主，相对较少进行预警和风险评价研究，因此，很难降低草原火灾造成的损失。随着草原火灾影响越来越重，人们逐渐开始关注灾前预警和风险评估工作的重要性。目前，风险评价在草原火灾中的应用还非常少见，但是对地震、洪水、洪涝、旱灾和滑坡等自然灾害的风险评价已有广泛的研究。

目前国内外关于草原火灾风险的研究还非常少见，在国外草原火灾的研究是作为野火的一部分来进行整体研究的，主要侧重于对草原火行为、草原火险预警和火灾监测等的研究。例如，Verbesslt J（2002）利用可燃物的湿度进行野火风险评价（Verbesslt J，2002）；Bilgili 等在土耳其西南部的马基群落进行火的传播、可燃物消耗量和火强度等火行为实验（Bilgili，2003）；Mbow 在萨瓦纳稀树草原进行火行为研究（Mbow，2004）。火灾风险评价研究以野火危险性的单一因子进行评价而忽略了火的承载体，因此，不能够准确地描述火灾风险。

草原火灾的研究起初是把草原火灾作为一种自然现象，着重调查分析草原火灾发生的可燃物基础和气象因子等自然因子，而忽略了承灾能力和脆弱性的研究。草原火灾风险是草原火危险性、草原火灾承灾体暴露性、脆弱性、区域防火减灾能力综合作用的结果（张继权，2007）。但是国内外对于草原火灾承灾体暴露性及其脆弱性和区域防灾减灾能力研究甚少，很难称之为草原火灾系统的风险分析与评价，多数只能称为草原火灾致灾因子的风险分析，即目前的草原火险分析（Grassland Fire hazard Analysis）（张继权，2007）。真正意义的草原火灾风险评价研究还处在起步阶段，随着火灾风险评价相关研究的不断深入，火灾风险评价因子由单因子风险评价渐变到多因子的综合风险评价。

国内关于草原火灾风险评价也是非常少见，主要是由东北师范大学的张继权和北京师范大学的王静爱等做了很多的相关研究和实践。李艳梅和王静爱等（2005）利用森林植物种类组成及林地面积资料采用面积权重及统计聚类分析的方法进行了单一因子的草原火灾风险评价研究。刘兴朋和张继权等（2006、2007）用统计方法分析了我国牧区的草原火灾历史资料，得出北方牧区草原火灾风险的时空动态分布特点。张继权、刘兴鹏和佟志军等采用加权综合评分法和 AHP 构建了草原火灾风险指数模型，定量评价了吉林省西部草原火灾风险（张继权，2007；刘兴鹏，2008；佟志军 2009）。

第二节 研究内容与方法

一、研究内容

采用数学方法在进行内蒙古草原火灾的危险性，暴露于风险环境的频繁程度（E）、脆弱性和防火减灾能力，风险发生的后果研究的基础上，建立草原火灾风险指数模型，对研究区草原火灾风险程度进行定量评价，并借助 GIS 技术将内蒙古草原火灾分为轻度、中度、重度和极重度 4 个风险区。

二、相关概念

草原火灾风险（Grassland Fire Disaster Risk）是指在失去人们的控制时草原火的活动（发生、发展）及其对人类生命财产和草原生态系统造成破坏损失（包括经济、人口、牲畜、草场、基础设施等）的可能性，而不是草原火灾损失本身（刘兴鹏，2008）。根据自然灾害风险的形成机制和构成要素，草原火灾风险由危险性（H）、暴露于风险环境的频繁程度（E）、脆弱性（V）和防火减灾能力（R）、风险发生的后果（C）等五个因素决定。

危险性（H）是指某一地区某一时段内着火的可能性。它是对起火因子和孕火环境等的研究，起火因子选择人口密度和干雷暴数来表示；孕火环境选择多年平均湿度、多年平均温度、多年平均风速、晴天日数、草场面积、植被覆盖度来表示。

暴露于风险环境的频繁程度（E）指一定区域内火灾的发生频率，计算公式为：$E = m/Y$（m 为某区域内自然灾害发生的次数，Y 为统计的总年份数）。

脆弱性（V）是指人和财产由于潜在的危险因素而造成的伤害或损失程度。牧业产值占 GDP 比值、幼畜数量、易燃房舍数量，其值越高灾害风险也就越大。

防灾减灾能力（R）表示出受灾区内能够从草原火灾中恢复的能力，根据对研究区资料的可获取性选取了公路网密度、防火资金投入、卫生机构人员、防火人员数量、医院数量和防火设备数量等指标。

风险发生的后果（C）是指可能会受到火灾威胁的人和财产，因子选取了牧区人口数量、牧业总产值、牲畜数量、建筑物数量、可燃物承载量等，其值越大火灾风险就越大。

三、数据准备

火灾发生时间地点和发生面积等草原火灾资料主要来源于内蒙古气象局生态与农业气象中心遥感科提供的内蒙古各盟市的历年草原火灾遥感监测资料；草原面积、草地类型、行政区划等草原基本情况数据来源于中国农业科学院草原研究所；内蒙古自治区的人口等数据来自内蒙古统计年鉴；内蒙古地区多年气象资料来源于内蒙古气象局。

四、研究方法

作业条件危险性评价法是由美国的格雷厄姆（K J Graham）和金尼（G F Kinney）提出的危险性的半定量评价法，也称为"格雷厄姆 – 金尼法"或"G – K 评危法"。该方法采用与系统风险率相关的 3 种方面指标值之积来评价系统中人员伤亡风险大小。这 3 种方面分别是 L 为发生事故的可能性大小，E 为人体暴露在这种危险环境中的频繁程度，C 为一旦发生事故会造成的后果。草原火灾风险分值（D）越大，说明该系统危险性越大，需要增加安全措施，或改变发生事故的可能性。

对这 3 种方面分别进行客观的科学计算，得到准确的数据是相当烦琐的过程，为了简化过程，采用加权综合评分法，层次分析法（Analytic Hierarchy Process，AHP）再综合分析定量化计算出草原火灾发生可能性大小（L），风险发生的后果（C），因为对于草原火灾可以说牧区常住人口和牧畜动物在长时间暴露在危险环境中，所以根据往年多年度平均发生草原火灾的频率和规律分值代替暴露于危险环境的频率程度分值。充分分析各指标的关系后建立一个由目标层、准则层和方案层组成的层次结构，本章将对草原火灾风险评价的 23 个指标建立层次结构如下。

1. 目标层

本章的目标层为内蒙古草原火灾风险指数。

2. 准则层

本章的准则层由危险性因子、脆弱性因子、防灾减灾能力因子、风险发生的后果和频繁程度因子组成。

3. 方案层

在本层选择的因子分别是人口密度、干雷暴数、多年平均湿度、多年平均温度、牧业总产值占 GDP 比值、多年平均风速、幼畜数量、晴天日数、易燃建筑物、草场的面积、植被覆盖度、防火人员数量、防火设备数量、防火资金投入、卫生机构人员、医院数量、公路网密度、牧区人口数量、牧业总产值、牲畜数量、建筑面积、可燃物承载量、暴露于风险环境的频繁程度等 23 个指标（图 4 - 2 - 1）。

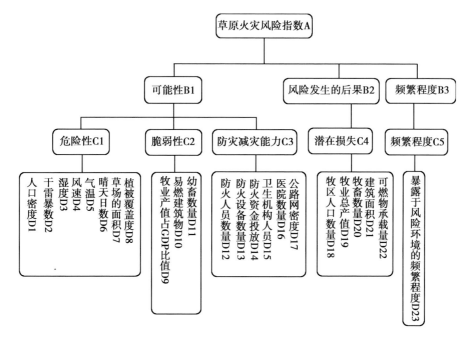

图 4 - 2 - 1　层次结构图

Fig. 4 - 2 - 1　Hierarchical chart

在确定影响某个因素的诸因子在该因素中所占的比重时，采取了对因子进行两两比较建立成对比较判断矩阵的办法，采用数字 1 ~ 9 及其倒数作为标度。

第三节　结果与分析

一、评价指标体系

基于草原火灾风险形成机理，选择了代表性好、针对性强、易于量化的 23 个指标，建立草原火灾风险评价的指标体系。根据专家对各指标相对重要性打分，并经过 AHP 方法计算，得到了各个组成因子的权重，经过层次单排序和总排序的一致性检验后的结果见表 4 - 3 - 1。

表 4 - 3 - 1　草原火灾风险评价指标体系及权重

Tab. 4 - 3 - 1　Grassland fire disaster risk assessment index system and weights

火险指数	因子	指标	权重
可能性（L）	危险性（H） 0.7145	人口密度	0.0446
		干雷暴数	0.0409
		多年平均湿度	0.0156
		多年平均温度	0.0344
		多年平均风速	0.0446
		晴天日数	0.0206
		草场的面积	0.1916
		植被覆盖度	0.3222
	脆弱性（V） 0.1428	牧业总产值占 GDP 比值	0.0754
		易燃建筑物	0.0199
		幼畜数量	0.0475
	防灾减灾能力（R） 0.1429	防火人员数量	0.0407
		防火设备数量	0.0323
		防火资金投入	0.0204
		卫生机构人员	0.0135
		医院数量	0.0103
		公路网密度	0.0257
风险发生的后果（C）	潜在损失（C） 1	牧区人口数量	0.125
		牧业总产值	0.1722
		牲畜数量	0.1468
		建筑面积	0.2022
		可燃物承载量	0.3538
暴露于风险环境的频繁程度（E）	频率程度（E）	暴露于风险环境的频繁程度	1

二、评价模型的建立

本章采用作业条件危险性评价法格雷厄姆－金尼法公式计算草原火灾风险指数，计算公式如下。

$$D = L \times E \times C$$

式中，D 为风险指数；

L 为发生风险的可能性大小；

E 为暴露于风险环境的频繁程度；

C 为风险发生的后果。

L 为发生风险的可能性大小，可以通过如下公式获得。

$$L = H^{\alpha} + V^{\beta} + R^{\gamma}$$

式中，H 为危险性；

V 为脆弱性；

R 为防灾减灾能力；

α 为危险性的权重值；

β 脆弱性的权重值；

γ 防灾减灾能力的权重值。

危险性（H）和脆弱性（V）与发生风险的可能性（L）是正相关关系，防灾减灾能力（R）与发生风险的可能性（L）是负相关关系。对危险性、脆弱性和防灾减灾能力方面分别进行客观的科学计算，得到准确的数据是相当烦琐的过程，为了简化过程，采用因子加权叠置综合分析法，利用层次分析法（AHP）确定各因子和各指标的权重值。

根据 2008—2012 年的各盟市大型火灾频率计算暴露于危险环境的频率程度分值（E），计算结果见表 4-3-2。

表 4-3-2 暴露于危险环境的频繁程度（E）的分值

Tab. 4-3-2 Exposure to hazardous environment of frequent degree (E) score

盟市	乌海市	呼伦贝尔市	兴安盟	通辽市	赤峰市	锡林郭勒盟	阿拉善盟	鄂尔多斯市	巴彦淖尔市	包头市	呼和浩特市	乌兰察布市
2008—2010 年火灾平均值	0.25	341.5	23.5	8.75	3.25	7.25	0	1	1	0.25	0.25	0.25
分数值	1	10	6	3	3	3	0.5	2	2	1	1	1

各盟市的草原火灾风险指数计算综合加权公式：

$$P_1 = \sum_{j-i}^{m} C_{ij} W_j$$

式中，P 为草原火险指数；

C_{ij} 为 i 盟市 j 火险影响因子标准化数据；

W_j 为 j 因子权重。

第四节 小 结

在本章选择内蒙古草原为研究区，简单介绍了草原火灾风险评价相关的基本概念，将格雷厄姆-金尼法（LEC）和层次分析法（AHP 模型）等技术方法引入火灾风险评价领域，依据自然灾害风险的形成机理，通过对草原火灾风险各因子的分析，构建了草原火灾风险评价指标和模型。具体计算方法为，通过层次分析法（AHP）计算出草原火灾危险性（H）、暴露性（E）、脆弱性（V）和防灾减灾能力（R）等四个因素的权重，利用加权综合评分法（WCA）计算各盟市的草原火灾可能性分值（L）、风险发生的后果（C），通过作业条件危险性评价法格雷厄姆－金尼法（LEC）计算出草原火灾风险分值（D）。并在此基础上对研究区草原火灾风险程度进行定量评价，并借助 GIS 技术将内蒙古草原火灾分为轻度、中度、重度和极重度 4 个风险区。

基于上述的评价指标体系和模型，对内蒙古草原火灾风险进行计算得到各盟市草原火灾风险指数值。其结果为，内蒙古自治区各盟市在未来几年内呼伦贝尔市、锡林郭勒盟、兴安盟、通辽市、赤峰市的危险性高。这主要是有这 5 个盟市草原面积广大、植被条件好、植被覆盖度大，脆弱性高，牧业比较发达、牧业产值占 GDP 比值比较高，幼畜数比较多的原因。乌兰察布市、呼和浩特市、包头和巴彦淖尔市属于草原火灾风险中等地区。鄂尔多斯市、阿拉善盟草原火灾风险较低。其余地区属于轻度风险区，研究区内部不存在极重度风险区。根据内蒙古气象局生态与农业气象中心对 2008—2012 年监测到的草原火灾统计发现，多年累计发生草原火灾较多的盟市主要有呼伦贝尔市、兴安盟和锡林郭勒盟。本章立足可持续发展和系统科学的观点，利用自然灾害和风险理论首次探讨草原火灾风险评价与管理的基本概念、理论。提出草原火灾风险形成机制和概念框架；建立了内蒙古火灾灾害系统数据库。通过与历史资料的对比和实地调查发现，该模型对草原火灾风险评价具有一定的实用性。但是由于草原火灾属于受人文和自然等众多因素综合影响的灾害系统，如果对不同的区域进行风险评价时，模型中指标的选取（如地形等）及权重的确定还需要进一步的完善。

参考文献

曹曾皓，张宗群 . 2005. 川西高原草原火险危害等级预报方法简介［J］. 四川气象，25（2）：22 – 23.

程熙 . 2007. 基于 GIS 和信息熵的森林火险评价研究［D］. 成都：四川师范大学 .

高歌，张洪涛，张尚印 . 2004. 内蒙古森林气象火险等级数值模拟个例研究［J］. 自然灾害学报，13（5）：32 – 39.

谷洪彪 . 2011. 松原灌区土壤盐碱灾害风险评价及水盐调控研究［D］. 北京：中国地震局工程力学研究所 .

郝敬福.2007.森林火灾发生的气候条件风险辨识［J］.科技咨询导报
　（20）：140－140.

姜淑琴.2010.鄂尔多斯市风沙灾害孕灾环境风险评价［D］.呼和浩特：
　内蒙古师范大学.

李迪飞,毕武,张明远,等.2009.雷击火物理机制和监测防御研究综
　述［J］.林业机械与木工设备,37（4）：7－11.

李艳梅,王静爱,雷勇鸿,等.2005.基于承灾体的中国森林火灾危险
　性评价［J］.北京师范大学学报（自然科学版）,41（1）：92－96.

林志洪,魏润鹏.2005.南方人工林森林火灾发生和危害之评估［J］.广
　东林业科技,21（4）：70－74.

刘桂香,宋中山,苏和,等.2008.中国草原火灾监测预警［M］.北京：
　中国农业科学技术出版社.

刘兴朋,张继权,范久波.2007.基于历史资料的中国北方草原火灾风
　险评价［J］.自然灾害学报,16（1）：61－65.

刘兴朋,张继权,周道玮,等.2006.中国草原火灾风险动态分布特征
　及管理对策研究［J］.中国草地学报,28（6）：77－82.

刘兴朋.2008.基于信息融合理论的我国北方草原火灾风险评价研究
　［D］.长春：东北师范大学.

娄丹丹.2009.基于 RS 和 GIS 的城市地质灾害风险评价研究［D］.重
　庆：西南大学.

曹敏.2009.采空区煤炭自然危险性评价研究［D］.淮南：安徽理工大学.

宁社教.2008.西安地裂缝灾害风险评价系统研究［D］.西安：长安
　大学.

铁永波.2009.强震区城镇泥石流灾害风险评价方法与体系研究［D］.
　成都：成都理工大学.

薛东剑.2010.RS 与 GIS 在区域地质灾害风险评价中的应用［D］.成都：
　成都理工大学.

玉山,都瓦拉,包玉海,等.2014.基于相对湿润指数的近 31 年锡林郭
　勒盟 5－9 月干旱趋势分析风险分析［J］.风险分析与危机反应学报.

张继权,刘兴朋,佟志军.2007.草原火灾风险评价与分区——以吉林
　省西部草原为例［J］.地理研究,26（4）：755－762.

张继权,刘兴朋,周道玮,等.2006.基于信息矩阵的草原火灾损失风
　险研究［J］.东北师大学报（自然科学版）,38（4）：129－134.

张继权，刘兴朋．2007．基于信息扩散理论的吉林省草原火灾风险评价 [J]．干旱区地理，30（4）：590－594．

张继权，张会，佟志军，等．2007．中国北方草原火灾灾情评价及等级 划分 [J]．草业学报，16（6）：121－128．

张雪峰．2011．区域性山地环境的地质灾害风险评价研究 [D]．成都：成都理工大学．

朱敏，冯仲科，胡林．2008．基于GIS的森林火险评估研究 [J]．北京林业大学学报，30（S1）：40－45．

Brigitte Leblon, Pedro Augusto, Fernández García, et al. 2007. Using cumulative NOAA－AVHRR spectral indices for estimating fire danger codes in northern boreal forests [J]. International Journal of Applied Earth Observation and Geoinformation, 9 (3): 335－342.

Cheikh Mbow, Kalifa Goita, Goze B, et al. 2004. Spectral indices and fire behavior simulation for fire risk assessment in savanna ecosystems [J]. Remote Sensing of Environment, 91 (1): 1－13.

Fabio Maselli, Stefano Romanellib, Lorenzo Bottaib, et al. 2003. Use of NOAA－AVHRRNDVI images for the estimation of dynamic fire risk in Mediterranean areas [J]. Remote Sensing of Environment, 86 (2): 187－197.

Guang xiong PENG, Jing LI, Yun hao CHEN, et al. 2007. A forest fire risk assessment using ASTER images in peninsular Malaysia [J]. Journal of China University of Mining and Technology, 17 (2): 232－237.

Aguado, E Chuvieco, P Martín, et al. 2003. Assessment of forest fire danger conditions in southern Spain from NOAA images and meteorological indices [J]. International Journal of Remote Sensing, 24 (8): 1 653－1 668.

Iphigenia Keramitsoglou, Chris T Kiranoudis, Haralambos Sarimvels, et al. 2004. A Multidisciplinary Decision Support System for Forest Fire Crisis Management [J]. Environmental Management, 33 (2): 212－225.

Peng G X, Jing L I, Chen Y H, et al. 2007. A Forest Fire Risk Assessment Using ASTER Images in Peninsular Malaysia [J]. Journal of China University of Mining & Technology, (2): 232－237.

P A Hernandez－Leal, M Arbelo, A Gonzalez－Calvo. 2006. Fire risk assessment using satellite data [J]. Advances in Space Research, 37 (4):

741 - 746.

Sandra Lavorel, Mike D Flannigan, Eric F Lambin, et al. 2007. Vulnerability of land systems to fire: Interactions among humans, climate, the atmosphere, and ecosystems [J]. Mitigation and Adaptation Strategies for Global Change, 12 (1): 33 - 53.

第五章　多源卫星草原火灾亚像元火点面积估测方法

第一节　引　言

一、研究意义与目的

草原是陆地生态系统中重要的组成部分，它具有丰富的生物资源，是畜牧业经济的基础。草原火是草地生态系统中不可避免的干扰因子，在内蒙古草原地区每年都会发生多起草原火灾。草原火灾的发生受自然因素和人的因素等许多因素的影响，因此，随着全球气候变化和草原地区人为活动的影响增加使草原地区火灾有加剧的趋势。草原地区地广人稀，交通和通信设施也相对落后，依靠人工方法监测火情具有局限性，火点很难被及时发现。在森林地区常用的瞭望塔和飞机监测方法由于费用高，因此，在草原地区也不适用。草原火灾的常规的监测方法有局限性大、反应速度慢、经常出现漏测和对火情的发展和火点面积估计不够准确等弱点。

卫星遥感具有较高的时空分辨率、能大范围同时监测、可以监测火灾发展动态、准确定位和面积估测等特点，使其在草原火灾监测中具有非常大的优势，成为目前最具发展前途的草原火灾监测方法。卫星遥感能够实时动态地监测到草原火灾火点的面积和强度等特征，对采取适当措施进行草原火灾的扑救提供指导，对降低草原火灾损失具有十分重要的意义。

SPOT、Landsat TM 和 ETM + 等高分辨率的遥感卫星资料的空间分辨率高，可以提供详细的地面信息，但是由于具有重访周期大的缺点，因此，很难完成实时的火情动态监测任务。EOS/MODIS 具有较高的空间分辨率、光谱分辨率和时间分辨率，在火灾监测中具有相当明显的优势。而且 EOS/MODIS 从设计上就考虑了火灾监测，从而能够最大限度地提供最佳的观测定位数据，使多时相的火灾探测成为可能（刘玉洁，2001）。

以往的草原火灾遥感监测研究都是以像元为最小不可分割的单位来统计火场面积的，不涉及像元内部的情况，而实际上由于混合像元的存在以像元为单元的火点面积估算往往比实际火点面积要大得多，空间分辨率越低的遥感卫星数据误差会越大；而且火灾发生的早期火点如果小于一个像元就会很难被及时发现，因而错过最佳的灭火时机。如果能够估测出混合像元中亚像元火点的面积则会提高草原火灾的监测精度，为草原火灾的扑救和应急管理工作提供更好的服务。混合像元的问题一直是遥感应用中的技术难点，使遥感应用的精度和深度都受到影响，尤其是分辨率低的卫星资料，混合像元问题更为突出，所以混合像元分解的研究也随着遥感应用的逐步深入而开始（冯蜀青，2008）。

本章在总结以往对草原火灾遥感监测的研究工作的基础上，对草原火灾亚像元火点的自动识别进行研究。假定混合像元的反射率是传感器视场内的各种地物的光谱反射率按照面积的比例线性混合的结果。使用 EOS/MODIS 数据和 Landsat 数据等高分辨率的多源卫星遥感数据，分析几种数据的特点，进行基于 EOS/MODIS 卫星数据的森林草原火灾亚像元火点的面积估算技术研究，结合草原火灾的实际情况，建立相应的算法，估算混合像元（含火点像元）中明火区的实际面积，在此基础上提出应用多源遥感卫星资料对卫星遥感亚像元草原火点信息提取方法，以探索提高火区面积估算精度的算法。

二、国内外相关研究

国外从 20 世纪 60 年代开始进行航空红外探测的森林火灾遥感监测研究，到 80 年代随着卫星遥感技术的发展，美国和加拿大等国家开始进行了在 GOES（Geostationary Orbiting Environmental Satellite）和 NOAA（National Oceanic and Atmosphere Administration）两个系列卫星平台上对森林火灾的遥感监测实验和研究。Matson 和 Dozier 建立了基于 GOES VAS 数据的亚像元火灾监测技术（Matson，1981），该技术是之后火灾遥感监测的理论基础。Dozier 利用分裂窗技术进行 NOAA/AVHRR 资料的亚像元温度场分析的理论方法研究（Dozier，1981），应用 Dozier 的模式可以提取混合像元中的高温点。1989 年 Prins 在 Matson 和 Dozier 的理论基础上，利用 GOES VAS 数据对南美的火灾进行了遥感监测分析（Prins，1989）。1992 年 Prins 和 Menzel 研究出来基于 GOES VAS 资料的火灾自动提取方法（Prins，1992）。GOES VAS（Visible Atmosphere Sounder）数据时间分辨率较高，但空间分辨率明显低；NOAA/AVHRR（Advanced Very High Resolution Radiometer）时空分辨率都较高，因此，在后来的火灾遥感监测中 NOAA/AVHRR 数据的应用相对比较广泛。

在 1998 年 Terra 卫星发射之前，MODIS 科学小组的 Kaufman 和 Justice 在以往利用 NOAA/AVHRR 和 GOES 数据进行火点判识算法的基础上，研究出了 MODIS 数据火点自动提取算法（Kaufman 和 Justice，1998）。1999 年美国航空航天总署（National Aeronautics and Space Administration，NASA）发射了地球观测系统（Earth Observing System，EOS）的极地轨道环境遥感卫星 Terra，卫星上搭载了中分辨率成像光谱仪（Moderate - resolution Imaging Spectroradiometer，MODIS），MODIS 在仪器特征参数设计上就考虑了火灾监测的需求。EOS/MODIS 具有 36 个通道，电磁波谱范围为 $0.4 \sim 14\mu m$，空间分辨率为 250m、500m 和 1000m，扫描宽度 2330km，白天每日可获得两次观测数据，其火灾监测能力优于其他遥感仪器性能。EOS/MODIS 数据与 NOAA/AVHRR 数据相比监测精度得到了明显的提高。在 Terra 卫星发射之后，学者们进行了许多基于 EOS/MODIS 数据的火点自动提取算法研究。随着遥感技术的发展，如法国的 SPOT 卫星、美国的 Landsat 等许多高空间分辨率的卫星数据也逐渐被应用到火灾的遥感监测中。

我国对火灾遥感监测的相关研究起步比国外晚十年左右。1987 年大兴安岭发生森林大火后国家充分认识到了森林防火的重要性，因此，森林火灾的遥感监测研究逐步增多。目前，有关森林火灾遥感监测研究已经相当成熟，而关于草原火灾遥感监测研究还相对较少。范心圻等（1986）利用 NOAA/AVHRR 数据通过彩色合成图片来监测火情，监测结果显示正在燃烧的火区在图像上呈红色，并伴随有蓝色烟带，火灾过后温度较低的地面呈暗红色或黑色，没有蓝色烟柱（范心圻，1986）。但并不是所有红色像元都是火点，因此，火点真伪的判别成为确保监测结果准确的关键。进入 20 世纪 90 年代后，草原火灾遥感监测研究逐渐地增多，但与森林火灾的遥感监测相比研究得仍然非常少。中国农业科学院草原研究所的苏和、刘桂香等（1995）将 NOAA/AVHRR 数据进行假彩色合成图像后再进行目视判别，而城市热岛和接收卫星信号时的干扰点等非火点的红色像元是通过城市的地理位置固定和第一、第二通道数据反射率的特点进行排除的（苏和，1995）。

影像彩色合成后对图像的目视判读会有很多误判和漏判现象，且由于不是计算机自动提取，因此，工作量会很大，实效性也较差。裴浩（1996）等利用 NOAA/AVHRR 数据通过阈值法自动提取火点像元。但是由于不同地区、不同时间这些阈值有一定的变化幅度，因此在程序设计时要给出阈值输入调整的功能，以便于根据实际情况对阈值进行更新。杨兰芳等（1997）应用光谱特性和通道3的亮度温度直方图确定火点门限值判别火点，根据通道1的反射率和高温点与背景温度之差，自动判别剔除低云和干扰点（杨兰芳，1997）。刘桂香等（2008）利用火点在通道3和通道4引起的辐射率和亮度温度增量具有明显差异的特点进行计算机火点自动判识，结合人机交互方式剔除云的影响（刘桂香，2008）。陈世荣在分析总结EOS/MODIS数据特征以及MODIS火灾产品火点识别算法基础上，将4μm和11μm的通道转换为辐射亮度值或反射亮度值后利用普朗克公式将辐射亮度值转换为亮度温度值，根据阈值提取火点（陈世荣，2006）。近些年，国内相关学者开始进行森林火灾的亚像元火点的面积估算方法的研究，国家卫星中心的刘诚等（2004）利用NOAA/AVHRR资料进行过森林火灾中混合像元的分解；青海省气象科学研究所的冯蜀青等（2008）利用EOS/MODIS资料应用牛顿迭代法求解森林火灾中的亚像元火点的面积。目前，基于EOS/MODIS数据的草原火灾亚像元火点面积估算研究还非常罕见，草原火灾火点混合像元的问题是监测中的技术难点。

第二节　研究内容和方法

一、研究内容

首先，介绍空间分辨率高的Landsat卫星的TM数据和EOS/MODIS数据的特点，建立基于EOS/MODIS卫星数据的草原火灾亚像元火点面积估算模型，估算混合像元中明火区的实际面积，研究应用多源遥感卫星资料对卫星遥感亚像元草原火点信息提取技术，以探索进一步提高草原火灾火点面积估测精度。

二、理论依据

草原火灾亚像元火点的提取是基于黑体辐射定律。自然界中物体的绝对温度高于0K时都会向外不断地发射电磁波，其辐射能量的点强度和光谱分布位置是其物理类型和温度的函数，因此，黑体辐射也叫做"热辐射"。在热力学中，黑体（Black body）是能够吸收外来的全部电磁辐射，并且不会有任何反射与透射的一个理想化的物体，即黑体对于任何波长的电磁波的吸收系数为1，透射系数为0。随着温度上升，黑体所辐射出来的电磁波与光线则称黑体辐射。黑体虽然不反射任何的电磁波，但是能够放出电磁波，电磁波的波长和能量则取决于黑体的温度。在黑体的光谱中，由于高温引起高频率即短波长，因此较高温度的黑体靠近光谱结尾的蓝色区域而较低温度的黑体靠近红色区域。用于描述在任意温度 T 下，从一个黑体中发射的电磁辐射的辐射率与电磁辐射的频率关系的公式如下。这里辐射率是频率 v 的函数：

$$M_\lambda(T) = \frac{2Thc^2}{\lambda^5} \cdot \frac{1}{e^{bc/\lambda kT}} - 1$$

式中，$M_\lambda(T)$ 为光辐射出射度，e 为比辐射，$h = 6.626 \times 10^{-34} \text{J/K}$ 为普朗克常数，$k = 1.38 \times 10^{-23} \text{J/K}$ 为玻尔兹曼常数，$c \approx 3 \times 10^8 \text{m/s}$ 为光速，T 为热力学温度（K），λ 为波长（m）。

三、火点监测方法

1. 彩色合成法

多光谱影像彩色合成方法有自然真彩色合成和非自然假彩色合成两种。自然真彩色合成是指合成后的彩色影像上地物色彩与实际地物色彩接近或者一致，一般的方法就是多光谱影像的红、绿、蓝对应 R/G/B 合成；非自然假彩色则反之。彩色合成法是火灾遥感监测中常用的处理方法，NOAA/AVHRR 采用通道 1（0.56 ~ 0.68μm）赋予蓝色（B）、通道 2（0.725 ~ 1.0μm）赋予绿色（G）、通道 3（3.55 ~ 3.93μm）赋予红色（R）的 3 通道组合的彩色图片上烟呈蓝色，火区呈现红色。

2. 固定阈值法

应用各种固定阈值来确定某一像素是否可以归类为火灾像元的方法有很多。常用的是应用 NOAA/AVHRR 3 通道（3.55 ~ 3.93μm）和 4 通道（10.3 ~ 11.3μm）亮度温度差（DT_{34}）单阈值方法。有时也会需要附加通道 3 或者通道 4 的亮度温度资料。Flannigan 和 Vonder Haar（1986）对林区所做的分析包括如下步骤。

$T_3 > T_{3b}$

$T_4 > T_{4b}$

白天 $DT_{34} > 8K$（夜间 $DT_{34} > 10K$）

其中，在 T_{3b} 和 T_{4b} 取周围像素的平均值，前 2 项说明火点比背景热。第 3 项确定了一个对比的阈值，白天由于反射和地面的加热作用阈值要高一些。

3. 空间分析技术

这一技术用到了可变的阈值，这一阈值可以通过对某一像素点及其周围区域空间分析窗内数据的统计分析来获取。Prins 和 menzel（1993）提出的应用 GOES VAS 数据进行的自动火灾判识方法就是空间分析方法的一个实例。NASA 使用 NOAA/AVHRR 的 1km 分辨率资料，建立了类似的方法。这些方法中都包括有将 DT_{34} 值与某一阈值进行比较的过程。阈值是空间分析窗中 DT_{34} 标准差的函数。NASA 的判识标准如下。

$T_3 \geqslant 316K$

$T_4 \geqslant 290K$

$T_3 > T_4$

这一判识标准将待判识的像素数目减少了很多，节省了大量运算时间。对于有可能是火点的像素，再进一步将其 DT_{34} 值与取决于背景特征的阈值进行比较。阈值等于背景像素 DT_{34} 的平均值加上两倍的背景像素的标准差。还有一点要特别说明，阈值必须大于 3K，否则就等于 3K。如果待判识像元的 DT_{34} 大于阈值，就将其归类为火点像元。可按下述方法利用背景像素来确定均值和标准差。在计算背景的统计特征量时，要滤除可疑的火点像元。背景分析窗的大小可以根据需要从（$3\mu m \times 3\mu m$）取到（$21\mu m \times 21\mu m$），直到有 25% 的背景像素可以参加统计特征分析。如果背景资料不能进行统计特征分析，那么这一点就不能被归类为火点像元。

应用 AVHRR 资料进行火灾判识的最大局限就是，它只能用于无云的晴空区。影响 AVHRR 红外通道的因素很多，这给火灾探测带来很多麻烦。这些影响因子包括地面对 $3.75\mu m$ 波段太阳辐射的反射、大气中水汽的影响和次网格云的影响。AVHRR 的扫描方式会使得像素的大小发生变化，同时会出现像素重叠现象。

4. Lee 和 Tag 技术

Lee 和 Tag（1990）方法可分为三步进行。

第一步：背景温度及亮度温度调整量的计算。

第二步：计算通道 3 的亮度温度阈值。

第三步：如果调整后通道 3 的亮度温度（T_3）高于阈值，那么就可以认为该像元为火点。

5. Dozier 模型

Dozier 在 1981 年提出了基于 NOAA/AVHRR 资料的亚像元温度场分类理论模型（Dozier，1981），基于亚像元组分差异的火点混合像元分解模型，该模型成为之后相关研究的理论基础。在 Dozier 模型中一个像元由高温点和背景两部分组成，模型的公式组如下。

$$L_3 = B(\lambda_3, T_{obj})P + (1 - P)B(\lambda_3, T_b)$$

$$L_4 = B(\lambda_4, T_{obj})P + (1 - P)B(\lambda_4, T_b)$$

式中，L_3 为 NOAA/AVHRR 数据通道 3 的亮度温度值；

L_4 为 NOAA/AVHRR 数据通道 4 的亮度温度值；

T_{obj} 为火点的温度值；

T_b 为背景的温度值；

P 为火点所占的面积比；

B（λ，T）为普朗克函数。

第三节　建立亚像元分解模型

一、数据与预处理

选取 2012 年 4 月 7 日当地时间上午晴空条件下的 Terra 卫星的数据进行火场的监测，对数据进行投影转换、去除 bowtie、辐射定标、大气校正和云检测等预处理，预处理方法参照第一章绪论的第四节 EOS/MODIS 数据简介与预处理。

选用轨道为 2010 年 8 月 31 日的 124/28 的 Landsat – 5 TM 数据。首先，对数据进行遥感器校正，其公式如下。

$$Lsat_\lambda = gain_\lambda \times DN_\lambda + offset_\lambda$$

式中，$Lsat_\lambda$ 为辐射值；

$gain_\lambda$ 为校正增量系数；

DN_λ 记录值；

$offset_\lambda$ 校正偏差量。

对于 Landsat – 5 TM 来说，$gain_\lambda$、$offset_\lambda$ 是常数。对数据的大气校正是用 COST 模型，其计算公式为：

$$Lhaze_\lambda = (L_\lambda, min) - (L_\lambda, 1\%)$$

式中，$Lhaze_\lambda$ 为大气层光谱辐射值；

L_λ，min 为遥感器每一波段最小光谱辐射值；

L_λ，1% 为反射率为 1% 的黑体辐射值。

L_λ，min 可通过如下的公式获得。

$$L_\lambda, min = LMIN_\lambda + QCAL \times (LMAX_\lambda - LMIN_\lambda)/QCALMAX$$

式中，$QCAL$ 为每一波段最小 DN 值；

$QCALMAX = 255$；

$LMAX_\lambda$、$LMIN_\lambda$ 从遥感数据头文件中获取。

黑体辐射值 L_λ，1% 的计算公式如下。

$$L_\lambda，1\% = 0.01 \times ESUN_\lambda \times COS^2（SZ）/（\pi \times D^2）$$

式中，$ESUN_\lambda$ 为大气顶层的太阳平均光谱辐射；

SZ 为太阳天顶角；

D 为日地天文单位距离；

JD 为儒略日。

反射率的计算公式如下。

$$\rho = \pi \times D^2 \times（Lsat_\lambda - Lhaze_\lambda）/ESUN_\lambda \times COS^2（SZ）$$

式中，ρ 为地面相对反射率；

D 为日地天文单位距离；

$Lsat_\lambda$ 为传感器光谱辐射值；

$Lhaze_\lambda$ 为大气层辐射值；

$ESUN_\lambda$ 为大气顶层的太阳平均光谱辐射；

SZ 为太阳天顶角。

Landsat - 5 数据需要通过选取控制点（GCP 点）进行几何精确校正。选 GCP 点时需要选择明显地物，GCP 点的分布尽量均匀，地形复杂的地方多选几个点，选取了 28 个 GCP 点。

Landsat TM 数据具有较高的空间分辨率，因此，可以为 EOS/MODIS 数据提供较详细的地物成分的信息，为混合像元分解时的纯净端元的选取提高精度。在进行草原火灾亚像元火点面积提取时需要进行 EOS/MODIS 和 Landsat TM 数据的精确配准。进行配准时将 EOS/MODIS 数据设为主图像，将 Landsat TM 数据设为辅图像，利用 ENVI 软件人工选取控制点进行人机交互式的多项式配准，多项式选择二次多项式。

二、背景温度计算

需要建立被监测点与其周围像素点温度间的关系。周围像素点用于背景温度估计。在此方法中，火点周围的背景温度应尽量提取与火点相近范围内的温度，如果离火点相距甚远，会影响背景温度的准确性。提取背景温度时，以火点为中心确定一个研究区范围，该范围内的非火点区域的面积不应小于 25%。本章中利用分裂窗方法进行背景温度的计算。分裂窗算法是目前应用较为广泛的地表温度算法，该方法大气窗口区（10 ~ 13μm），两个相邻通道上的大气吸收作用不同，因此，利用两个相邻通道各种组合来消除大气的影响。20 世纪 70 年代，该方法是用来计算海水表面温度，计算结果精度可达到 0.7K，精度很高，而且计算公式也很简单。分裂窗算法在海水温度的计算中取得成果后推广到陆地表面温度的计算中。但是，由于地球表面下垫面的状况比较复杂，不同的植被类型、盖度、植被结构、地表粗糙度和土壤湿度等都会有不同的比辐射率。不同大陆地表的比辐射率在大气窗口区的变化范围在 0.90 ~ 0.99 之间，变化范围较大。

本章利用 Sobrino J A，Raissouni N 和 LI Zhao – Liang（2001）的方法确定比辐射率，利用 François Becker 和 Zhao – Liang Li（1990）的公式计算地表温度。

三、比辐射率确定

基尔霍夫研究了实际物体对于热辐射的吸收和发射的关系，定义了吸收比 α 和比辐射率 ε。真实物体的辐射出射度与黑体的辐射出射度之比，称为该物体的比辐射率，是一个无量纲的值，是波长的函数，取值在 [0，1] 之间。辐射率数据库的数据代表实验室测量值，无法满足 MODIS 卫星尺度所需要。利用分裂窗算法进行地表温度计算时比辐射率可以直接通过植被覆盖度法确定。具体计算如下。

NDVI < 0.2

$\varepsilon = 0.980 - 0.042\rho_1$

$\Delta\varepsilon = -0.003 - 0.029\rho_2$

0.2 ≤ NDVI ≤ 0.5

$\varepsilon_{31} = 0.968 + 0.021P_V$

$\varepsilon_{32} = 0.974 + 0.015P_V$

$\varepsilon = (\varepsilon_{31} + \varepsilon_{32})/2 = 0.971 + 0.018 P_V$

$\Delta\varepsilon = (\varepsilon_{31} - \varepsilon_{32}) = -0.006(1 - P_V)$

NDVI > 0.5

$\varepsilon_{31} = \varepsilon_{32} = 0.985$

$\varepsilon = \varepsilon_{31} = \varepsilon_{32} = 0.985$

$\Delta\varepsilon = 0$

式中，ρ_1 MODIS 数据 1 的反射率；

ρ_2 MODIS 数据 1 的反射率；

P_V 是植被覆盖度。

ρ_1 和 ρ_2 可以通过下边的公式将大气顶层的反射率 ρ^* 转换为反射率 ρ，其公式如下。

$$\rho = \rho^* \cos\theta$$

其中，ρ^* 为大气顶层的反射率；

θ 为太阳高度角。

植被覆盖度 P_V 可以通过 NDVI 获得，其公式为：

$$P_V = \frac{NDVI - NDVI_{\min}}{NDVI_{\max} - NDVI_{\min}}$$

式中，P_V 为植被覆盖度；

　　　$NDVI$ 为归一化植被指数；

　　　$NDVI_{\min}$ 和 $NDVI_{\max}$ 分别是图像上除去水体后陆地表面的最小值和最大值。

四、地表温度计算

地表温度计算方法有经验公式法、单通道发、单通道多角度法、分裂窗法和多通道多角度法等。而分裂窗法是应用较为广泛的一种陆地表面温度计算方法，它最早应用在海洋表面温度计算中，1975 年 McMillin 利用大气窗口区 $11\mu m$ 和 $12\mu m$ 两个相邻通道的数据进行了海水分裂窗温度反演（Mc-Millin，1975）。

分裂窗算法利用大气窗区内的两个相邻通道上的吸收作用不同，利用这两个相邻通道建立不同的组合来消除大气的影响。由于海洋表面均一，因此，分裂窗算法在海洋上的应用精度较高。陆地上由于下垫面比辐射率的时空变化较大，所以，本章在进行分裂窗法的陆地表面温度计算时依据光谱辐射率的分裂窗算法，即 François Becker 和 Zhao - Liang Li（1990）的公式计算了地表温度如下。

$$T = 1.274 + \left[\frac{T_{31} + T_{32}}{2}(1 + 0.1561\varepsilon_{\delta1} - 0.482\varepsilon_{\delta2}) + \frac{T_{31} + T_{32}}{2}(6.26 + 3.98\varepsilon_{\delta1} + 38.33\varepsilon_{\delta2}) \right]$$

式中，$\varepsilon_{\delta1} = (1 - \varepsilon) / \varepsilon$；

　　　$\varepsilon_{\delta2} = \Delta\varepsilon / \varepsilon^2$；

　　　T_{31} 第 31 波段的亮度温度；

　　　T_{32} 第 32 波段的亮度温度。

利用普朗克公式将 31 和 32 波段的辐射亮度转换为亮度温度，公式如下。

$$T = \frac{hc}{k\lambda h \left(1 + \delta e^{\frac{hc}{k\lambda T_b}} - \varepsilon\right)}$$

其中：T 为绝对温度（K）；

h 为普朗克常数 $= 6.626196 \times 10^{-34} J \cdot s$；

c 为光速 $=2.99792458 \times 10^{8} \mathrm{m/s}$；

k 为玻尔兹曼常数 $=1.3806505 \times 10^{-23} \mathrm{J/K}$；

λ 为中心波长（μm）；

T_{b} 为辐射亮度。

五、火点探测

所有满足 $T_{4} < 315 \mathrm{K}$（夜间 305K）或 $DT_{41} < 5 \mathrm{K}$（3K）的像素都不是火点。如果 DT_{4b} 和 DT_{41b} 小于 2K，那么就用 2K 来代替。如果一个像素点满足如下的 5 个逻辑条件（A、B、a、b、X），就可以将该点确认为火点：

A：$T_{4} > T_{4b} + 4\delta T_{4b}$

B：$T_{4} > 320 \mathrm{K}$（夜间 315K）

a：$\Delta T_{41} > \Delta T_{41b} + 4\delta T_{41b}$

b：$T_{41} > 20 \mathrm{K}$（夜间 10K）

X：$T_{4} > 360 \mathrm{K}$（夜间 330K）

白天如果 $0.64\mu m$ 和 $0.86\mu m$ 两个通道的反射率都大于 0.3，且耀斑角小于 $40°$，一般就可以排除这点是火点的可能性了。

六、端元选取

混合像元中的纯净端元可以从地物光谱数据库中选取，也可以建立地物的物理模型进行模拟，另外，比较简单高效的方法是从影像自身的像元光谱和从外部数据源中获取等多种方法。

目前，从光谱库中选取方法是假设不考虑多次散射和背景反射（张洪恩，2004），而这种假设在许多研究中应用受到限制。在光谱数据库不够健全且野外光谱实际测量数据缺乏的情况下下获取进行混合像元分解的纯净端元时常用的方法是从影像上获得（李君，2008）。

从影像上选取的纯净图像端元具有与影像相同的空间分辨率，因此，较容易获取。当混合像元中各组分的纯净端元都能够在影像上获取的时候，该方法的优势就会更加明显。

卫星影像像元是各种地物光谱特征的混合结果，事实上不存在绝对纯净的端元，尤其是在空间分辨率较低的影像提取纯净端元会难度较大。当纯净端元无法从图像上直接获得的时候可以考虑从外部数据源中提取纯净端元的方法。外部数据源中获取纯净端元是指从现有的地物覆盖图或更高空间分辨率遥感影像上获取各类纯净端元（张洪恩，2004）。本章则结合高空间分辨率的 Landsat TM 卫星影像和 EOS/MODIS 数据来获取背景温度和火点温度的纯净端元。

七、混合像元分解模型

混合像元分解模型有许多种，如线性混合模型、高斯混合模型、几何光学模型、随机几何模型、概率模型、模糊模型、神经网络模型和支持向量机模型等。其中，线性混合模型相对较为简洁，因此，被广泛地应用在亚像元面积提取工作中。线性模型假定混合像元 DN 值为其端元组分反射率的线性组合，是非线性混合中的多次反射及散射被忽略情况下的特例。线性分解模型假设混合像元中同一地物都具有相同的光谱特征，具有模型简单，物理含义明确的优点。

混合像元是不同地物的光谱混合的结果，因此，可以假定传感器视场内地物光谱反射率按面积百分比线性混合（张洪恩，2004）。设想混合像元是由背景和火点两部分组成，结合线性混合模型和 Dozier 模型的方法可以得到该章中应用的草原火灾亚像元火点的面积估算模型，公式如下。

$$P = (T - T_b) / (T_f - T_b)$$

式中，P 为像元中火点所占的面积比例；

$1 - P$ 为背景所占的面积比例；

T_f 为火点的温度；

T_b 为背景温度。

根据该模型可以得到混合像元中亚像元火点的面积比，火点面积比乘以每个像元的面积则算出亚像元火点的面积。

第四节　小　结

本章回顾了国内外草原火灾遥感监测的相关研究，介绍 EOS/MODIS 和 Landsat TM 特征并对数据预处理。在黑体辐射相关定律、Dozier 模型等理论和方法基础上，以 Landsat TM 数据为外部数据源进行在 EOS/MODIS 数据混合像元中火点和背景的纯净端元的提取，对 EOS/MODIS 数据中火点混合像元进行分解。提出了基于多源遥感卫星的草原火灾亚像元火点面积估算基本流程和关键技术。从基于 EOS/MODIS 的亚像元火情监测方法的初步应用结果来看，如果忽略混合像元的存在，直接按像元数计算火点面积的该处火点的面积会达到 192km^2，通过亚像元面积估测方法计算可知实际上火点面积才 79.3km^2。因此，可以总结出利用混合像元分解技术提取火点亚像元的面积，则可以提高火点估算面积的准确度。在研究过程中还发现由于草原火灾燃烧产生的能量不如森林火灾燃烧产生的能量多，因此，在 EOS/MODIS 数据 4μm 通道的亮度温度不容易达到饱和，这一点不同于森林火灾，这对进行草原火灾亚像元面积估算是有利的。

参考文献

曹云刚，刘闯 . 2006. 一种简化的 MODIS 亚像元积雪信息提取方法 [J].冰川冻土，28（4）：562 – 567.

陈博洋，陈桂林，孙胜利 . 2007. 亚像元技术在图像采集系统中的应用 [J].红外技术，29（4）：226 – 230.

陈世荣 . 2006. 草原火灾遥感监测与预警方法研究 [D].北京：中国科学院研究生院 .

樊超，易红伟，陈浩锋，等 . 2007. 基于光学相关的亚像元像移测量方法研究 [J].激光与红外，37（2）：181 – 184.

付必涛 . 2009. 基于亚像元分解重构的 MODIS 水体提取模型及方法研究 [D].武汉：华中科技大学 .

蒋卫国，李加洪，李京，等 . 2005. 基于遥感和 GIS 的内蒙古乌达矿区煤火变化监测研究 [J].遥感信息（3）：39 – 43.

金翠，张柏，刘殿伟，等 . 2008. 东北地区 MODIS 亚像元积雪覆盖率反演及验证 [J].遥感技术与应用，23（2）：195 – 202.

冷何英，戴俊钊 . 2000. 实用型亚像元定位方法的研究 [J].红外与激光工程，29（2）：15 – 18.

李福堂 . 2005. 基于 EOS/MODIS 的森林火灾监测模型及应用研究 [D].武汉：华中科技大学 .

李贵霖 . 2006. 甘肃草原火灾实时监测与控制技术 [J].草业科学，23（5）：87 – 91.

李庆波，聂鑫，张广军 . 2009. 基于逆模型偏最小二乘法的高光谱亚像元目标探测方法研究 [J].光谱学与光谱分析，29（1）：14 – 19.

李玉峰，郝志航 . 2005. 星点图像超精度亚像元细分定位算法的研究 [J].光学技术，31（5）：666 – 671.

梁芸 . 2004. 甘肃省森林、草原火灾定量判识方法研究 [J].干旱气象，22（4）：60 – 63.

梁芸.2002.利用 EOS/MODIS 资料监测森林火情［J］.遥感技术与应用,17（6）：310－312.

刘诚,李亚军,赵长海,等.2004.气象卫星亚像元火点面积和亮温估算方法［J］.应用气象学报,15（3）：273－279.

刘桂香,宋中山,苏和,等.2008.中国草原火灾监测预警［M］.北京：中国农业科学技术出版社.

刘洪臣,冯勇,杨旭强.2006.提高亚像元图像分辨率的小波 B 样条方法［J］.华中科技大学学报（自然科学版）,34（8）：4－6.

刘良明,鄢俊洁.2004.MODIS 数据在火灾监测中的应用［J］.武汉大学学报（信息科学版）,29（1）：55－59.

苏和,刘桂香.1998.NOAA 卫星地面接收系统及其在火灾监测中的应用［J］.中国农业资源与区划（5）：38－40.

吴柯,李平湘,张良培,等.2007.基于正则 MAP 模型的遥感影像亚像元定位［J］.武汉大学学报（信息科学版）,32（7）：593－596.

肖利.2008.EOS/MODIS 在川渝地区森林火灾监测中的应用研究［D］.成都：西南交通大学.

肖霞.2010.基于类间方差的 MODIS 森林火灾监测方法研究［D］.合肥：中国科学技术大学.

许东蓓,梁芸,蒲肃,等.2007.EOS/MODIS 遥感监测在甘肃迭部重大森林火灾中的应用［J］.林业科学,43（2）：124－127.

杨怀栋,陈科新,何庆声,等.2009.亚像元光谱图重建算法［J］.光谱学与光谱分析,29（12）：3 170－3 172.

杨旭强,刘洪臣,冯勇,等.2005.基于 B 样条插值算法的亚像元技术的研究［J］.光学技术,31（5）：691－697.

张洪恩,施建成,刘素红.2006.湖泊亚像元填图算法研究［J］.水科学进展,17（3）：376－382.

张洪恩.2004.青藏高原中分辨率亚像元雪填图算法研究［D］.北京：中国科学院.

张树誉,景毅刚.2004.EOS－MODIS 资料在森林火灾监测中的应用研究［J］.灾害学,19（1）：59－62.

张顺谦,郭海燕,卿清涛.2007.利用遥感监测亚像元分解遗传算法估算森林火灾面积［J］.中国农业气象,28（2）：198－200.

张智,韦志辉,夏德深.2008.一种亚像元遥感图像的小波复原方法

［J］. 计算机科学, 35 （2）: 223 - 225.

张智, 夏德深, 孙权森. 2008. 一种亚像元遥感图像的小波插值及滤波方法 ［J］. 南京理工大学学报（自然科学版）, 32 （2）: 195 - 226.

赵立初, 施鹏飞, 俞勇, 等. 1999. 模板图像匹配中的亚像元定位新方法 ［J］. 红外与毫米波学报, 18 （5）: 407 - 411.

赵文化, 单海滨, 钟儒祥. 2008. 基于 MODIS 火点指数监测森林火灾 ［J］. 自然灾害学报, 17 （3）: 152 - 157.

周梅, 郭广猛, 宋冬梅, 等. 2006. 使用 MODIS 监测火点的几个问题探讨 ［J］. 干旱区资源与环境, 16 （3）: 43 - 46.

周强, 王世新, 周艺, 等. 2009. MODIS 亚像元积雪覆盖率提取方法 ［J］. 中国科学院研究生院学报, 26 （3）: 383 - 388.

周艺, 王世新, 王丽涛, 等. 2007. 基于 MODIS 数据的火点信息自动提取方法 ［J］. 自然灾害学报, 16 （1）: 88 - 93.

Brigitte Leblon, Eric Kasischke, Marty Alexander, et al. 2002. Fire Danger Monitoring Using ERS - 1 SAR Images in the Case of Northern Boreal Forests ［J］. Natural Hazards, 27 （3）: 231 - 255.

Brigitte Leblon. 2005. Monitoring Forest Fire Danger with Remote Sensing ［J］. Natural Hazards, 35 （3）: 343 - 359.

D Pozo, F J Olrno, L Alados - Arboledas. 1997. Fire detection and growth monitoring using a multitemporal technique on AVHRR mid - infrared and thermal channels ［J］. Remote Sensing of Environment, 60 （2）: 111 - 120.

Daniel Chongo, Ryota Nagasawa, Ahmedou Ould Cherif Ahmed, et al. 2007. Fire monitoring in savanna ecosystems using MODIS data: a case study of Kruger National Park, South Africa ［J］. Landscape and Ecological Engineering, 3 （1）: 79 - 88.

Duwala Bao, Yu Shan Chang, Gui Xiang Liu. 2013. Sub - pixel fractional area of grassland fire observations based on multi - source satellite data. Journal of Risk Analysis and Crisis Response: 587 - 592.

E A Loupian, A A Mazurov, E V Flitman, et al. 2006. Satellite Monitoring of Forest Fires in Russia at Federal and Regional Levels ［J］. Mitigation and Adaptation Strategies for Global Change, 11 （1）: 113 - 145.

K V S Badarinath, K Madhavi Latha, T R Kiran Chand. 2004. Forest fires monitoring using envisat – aatsr data ［J］. Journal of the Indian Society of Remote Sensing, 32 （4）: 317 – 322.

Wanting Wanga, John J Qu, Xianjun Hao, et al. 2007. An improved algorithm for small and cool fire detection using MODIS data: A preliminary study in the southeastern United States ［J］. Remote Sensing of Environment, 108 （2）: 163 – 170.

第六章 草原火灾损失评估研究

第一节 引 言

一、研究意义与目的

环境保护和社会经济发展是当今社会的两大主题，草原火灾是影响草原地区社会稳定和经济发展的自然灾害之一，减轻草原火灾的损失是全社会共同关注的问题。草原火灾具有火势猛、火头高、发展速度快等特点。草原地区地域辽阔、河流少、风大且风向多变，火借风势迅速蔓延，容易形成多岔火头，极易造成人畜伤亡事故。

草原火灾是指失去控制的草原燃烧。草原火灾会造成牧区人员伤亡，还会烧毁基础设施、草场植被、房屋棚舍和牲畜。另外，为了预防和扑灭火灾，政府还会投入大量的人力、物力和财力。草原火灾不仅威胁牧区人民的生命和财产安全，它还会向大气排放大量的二氧化碳和气溶胶，不仅会污染空气，还会导致全球气候的变化，草原火灾和人类对土地不合理利用还会导致土壤的沙漠化，给当地造成巨大经济与生态环境损失。内蒙古东部地区森林与草原连续分布，草原火灾往往会导致森林火灾的发生而使损失增大。

灾害发生前要做好灾害的预警工作，在火灾发生后要及时进行扑救和火灾损失评估工作。草原火灾损失评估工作是草原火灾应急管理工作的重要组成部分，是做好草原火灾善后管理的关键。草原火灾之后及时了解火灾损失的总面积，以及其他方面的损失，正确的评估灾情的严重程度，是为决策部门制定救灾规划、火灾后经济补偿、执法量刑、灾后基本设施恢复建设及生态重建等的科学依据。

草原火灾损失评估（Grassland Fire Loss Assessment）是对过火区内在一定时间和空间区域内由草原火灾造成的人员伤亡、草场损失、牲畜伤亡、房屋棚舍的损毁、扑灭火灾时的相关费用、通讯设施的毁坏和火灾后的恢复建设相关费用支出以及对生态环境损失等进行评估。通常情况下草原火灾损失评估内容包括直接损失、间接损失和生态环境损失等3个方面。直接损失包括人员的伤亡、草地植被损失、牲畜的伤亡和基础设施的烧毁等等。间接损失包括火灾现场施救费用，停工、停产、停业损失等等。生态环境损失是指由于草原火灾而使草地生态系统的生物种类的减少、近期牧草的可食性的降低和野生动物栖境的丧失等等（傅泽强，2001），是生态学和经济学的交叉，属于生态经济学范畴。

我国是草原火灾频繁发生的国家，采用高科技手段评估草原火灾损失对提高草原火灾防范能力，有效地控制火灾，减少草原火灾损失具有重要意义。本章通过建立草原火灾损失评价指标体系，对草原火灾损失进行定量分析，提高评估的及时性与准确性，为草原火灾损失评估工作更加科学化、系统化和规范化提供技术支持。

二、国内外相关研究

森林草原火灾的遥感研究是从20世纪50年代的航空红外探测开始的。1989年加拿大应用卫星数据对森林火灾进行了调查，并统计了过火区面积。国内外关于火灾损失评估研究主要集中在森林火灾损失评估方面，对森林火灾直接损失评估与间接损失评估的研究做得比较全面。如欧洲在进行森林火灾损失评估研究时应用遥感监测火区范围并结合土地覆盖数据进行空间分析；波兰利用地球资源卫星（EAS－SAR）和SPOT数据进行损失评估和灾后林地监测；美国和澳大利亚在计算林木的死亡率评估森林火灾的损失，通过计算人员伤亡和对附近地区造成的潜在影响等进行森林火灾对社会的影响。

国内关于草原火灾的损失评价研究是从20世纪90年代开始的，到目前为止，关于草原火灾损失评估的相关研究还非常少，中国农业科学院草原研究所苏和、刘桂香等根据NOAA/AVHRR数据计算亮度温度和植被指数确定过火面积和位置，从而评估火灾所造成的各项损失（苏和，1995）。傅泽强根据灾害发生的原理和常用的灾害评估方法，构建草原火灾灾情评估指标体系，并建立灾情评估模型，以经济损失为草原火灾损失评估指标将灾情划分为重灾、大灾和小灾3个等级，而生态环境经济损失量与直接和间接损失总量的比例系数为50%，将评价方法利用锡林郭勒盟的一次草原火灾进行验证，其评价得到满意的结果（傅泽强，2001）。张继权等选取吉林省1995—

2005 年的草原火灾次数和草原火灾经济损失两个指标，基于信息矩阵方法得到草原火灾次数和经济损失两个指标之间的模糊关系矩阵。发现当草原火灾发生次数小于 30 次时，草原火灾损失随草原火灾次数呈现不规则增长；当草原火灾次数大于 40 次时，草原火灾损失基本稳定在 15 万元左右（张继权，2006）。张继权等基于草原火灾发生的机理，利用层次分析方法、模糊综合评价方法和地理信息系统空间分析技术研究了我国北方草原地区的火灾灾情评价。评价过程中建立了损失评价指标体系和损失评价模型，将我国北方草原地区的火灾灾情划分为 4 个级别，依据这一划分对我国的北方草原地区进行了评价（张继全，2007）。我国的森林草原防火工作比发达国家起步晚，对草原火灾损失评估的理论研究和技术支持手段还不够成熟，到目前为止还没有形成一套合理的和统一的草原火灾损失评估规范。而且火灾损失的评价指标过于简单无法全面系统地进行草原火灾损失评估。

第二节　研究内容与方法

一、研究内容

在综合国内外学者对草原火灾损失评估研究的基础上，提出草原火灾损失评估研究的理论框架。对草原火灾各项损失进行调查，将草原火灾的损失评估划分为人口损失、草原损失、直接经济损失和间接经济损失四大部分，并提出草原火灾损失的评估指标，建立草原火灾损失评估模型，将草原火灾损失等级划分为特别重大火灾、重大火灾、较大火灾和一般火灾 4 个等级。

二、损失评估的分类

灾害评估可以分为灾前评估、灾时评估和灾后评估等三部分。灾前评估是通过科学理论和技术定性或者定量的预测和评估灾情的等级，为相关管理部门制定合理的预防草原火灾的方案提供服务；灾时评估时在草原火灾发生过程中，通过收集灾区的资料结合火势情况对火灾会造成的损失进行实时评估，这对政府相关部门能够及时了解火灾损失情况，为制定应急救灾措施提供服务；灾后评估是指当火灾发生后，通过实地调查获得火灾造成的损失的数据，通过确定指标体系，进行草原火灾的综合评估，确定灾情等级，为制定火灾后的救济措施、重建和生态环境恢复等提供依据。

灾后评估方法主要为实地调查、社会调查和统计、遥感监测评估和历史相似评估等方法。草原火灾的损失评估方法有不同的划分：第一种是，直接经济损失、间接经济损失和生态环境经济损失（傅泽强，2001）。第二种是，草原损失、人口损失、基础设施损失、牲畜损失和经济损失（张继全，2007）。结合第一种和第二种方法得出了本章中的评估方法，将草原火灾损失划分为人口损失、草原损失、直接经济损失和间接经济损失等4个方面。

人口损失是指草原火灾过程中人员的伤亡数量。草原损失是指草原火灾中过火区的面积。直接经济损失是指由草原火灾造成的牲畜的死亡、烧毁的房屋、烧毁的饲草、烧毁的基础设施、烧毁的棚圈、烧毁的家产和烧毁的其他财物等损失。间接经济损失是指次生灾害与衍生灾害，包括停工、停产、停业损失，人员伤亡造成的经济损失，火灾现场施救及清理火场的费用和生态环境损失等对经济社会和生态环境影响所造成的损失。

草原火灾的人口损失、草原损失和直接经济损失较易评估，间接经济损失可以通过各自的价值系数进行定性地评估。

三、研究方法

技术流程图如下（图6－2－1）。

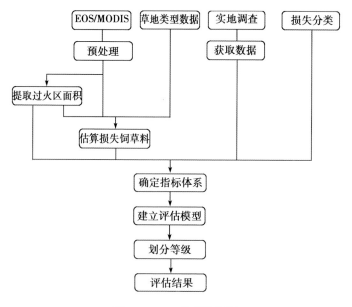

图6－2－1　技术流程图

Fig. 6－2－1　Technique flow chart

第三节 结果与分析

一、损失评估指标体系的建立

草原火灾损失评价指标应遵循科学性、独立性、可比性和简易性等原则。

科学性：评价指标应能确切地表述其特征与规律，并考虑指标间客观的相互内在联系及完整性。

独立性：各评价指标和相应标准应具有相对的独立性，避免重复。

可比性：指评价指标和标准应有明确的内涵和可度量性。

简易性：指标应简单明了，便于实际统计和计量，还应从本区域的实际情况出发，考虑切实可行。

草原火灾评估的指标体系是按火灾内在的客观联系，把从各方面反映火灾的指标有机地组织起来，全面深入地分析草原火灾的现状及其规律。本研究选自了能够真实反映草原火灾损失等级的各方面的指标来进行评估，具体评估指标的情况见表6-3-1。

表6-3-1 草原火灾损失评估指标

Tab. 6-3-1 Grassland fire Loss evaluation index

因子	指标
人口损失	伤亡人口
草原损失	过火草原面积
	死伤牲畜数量
	烧毁饲草
	烧毁房屋
直接经济损失	建设设施
	棚圈
	家产
	其他财产

（续表）

因子	指标
间接经济损失	"三停"损失
	人员伤亡造成的经济损失
	火灾现场施救及清理火场的费用
	生态环境损失

1. 人口损失

火灾发生时造成的人员伤亡数量。

2. 草原损失

它指发生草原火灾的过火面积。

3. 直接经济损失指标

描述草原火灾直接损失的指标主要有以下几项。

（1）牲畜损失包括火灾发生时牲畜死伤数量及被迫转移的牲畜数量。

（2）帐篷数量。

（3）棚舍。

（4）房屋面积。

（5）烧毁饲草量。

4. 间接经济损失指标

反映草原火灾间接损失的指标主要如下。

（1）停工、停产、停业损失（元）。发生火灾单位造成的"三停"经济损失；由于使用发生火灾单位所供给的能源、原材料、中间产品等造成的相关单位"三停"经济损失；为扑救火灾所采取的停水、停电、停气（汽）及其他所必要的紧急措施而直接造成有关单位的"三停"经济损失；其他损失。

（2）人员伤亡造成的经济损失（元）。医疗费、死亡者生前住院费、死亡者直系亲属的抚恤金、死亡者家属的奔丧费、丧葬费和其他相关处置费；住院和出院后仍需继续养伤期间的歇工工资（含护理人员），伤亡者从前的创造性劳动的间断（含护理人员）或终止，损失工作日造成的经济损失，接替死亡者生前工作岗位的新职工培训费用等工作损失价值。

（3）火灾现场施救及清理火场的费用（元）。各种消防车、船、泵的损耗费用以及燃料费用（含非消防部门）；各种类型灭火剂、物资的损耗费用；各种类型消防器材及装备的损耗费用；清理火灾现场所需全部人力、财力、物力的损耗费用。

(4) 生态环境损失（元）。目前国内计算生态环境经济损失时通常将生态环境经济损失值以直接经济损失和间接经济损失总和的 0.5 倍来估算。

二、指标的获取

1. 过火区面积的遥感提取

草原火灾的调查决定火灾损失评估的准确性，是做好火灾评估的基础。草原火灾的调查包括火灾原因、过火面积、牧草损失量和其他损失的调查。过火面积调查是草原火灾最基本的调查内容，也是草原火灾评估的重要指标。调查过火面积需要先测算出过火面积。以往进行草原火灾过火区面积调查时调查人员步行绕行火场外围并在大比例尺地形图上画出过火区的图。随着遥感技术的广泛应用，遥感监测是目前草原火灾损失评估中过火区面积统计的主要手段。

本章以内蒙古气象局生态与农业气象中心接收的 2012 年 4 月 16 日北京时间 13 时 29 分的 Aqua 卫星的 EOS/MODIS 卫星数据监测灾后的情况。对 MODIS 卫星数据进行几何校正、bowtie 消除和大气校正等预处理后计算反射率。图 6 - 3 - 1 为采用 CH_7（红）、CH_2（绿）、CH_1（蓝）方式进行假彩色合成的灾后的影像图。

采用 CH_7（红）、CH_2（绿）、CH_1（蓝）方式合成的影像图上过火区的颜色为暗红色，与未过火区域的颜色有明显不同。因此，可以对比灾前灾后的 MODIS 的 7、2、1 波段彩色合成数据和 MODIS 数据目视判断来提取草原火灾的过火区面积是可行的。根据以上研究，提取 2012 年 4 月 16 日的东乌珠穆沁旗的火灾过火区面积的结果为：判识出的过火区的面积为 778.89 km^2，而实地野外调查这次火灾过火区面积的结果为 765.76 km^2。从提取结果可以知道，该方法可以较好地对草原火灾过火面积进行估算。

2. 烧毁饲草的计算

草地地上生物量是草原火灾的直接而且第一损失，草原生物量损失评估，要以不同草地类型的单位面积生物量作为基础单元，乘以该类型草地受灾面积，再乘以该类型草地单位面积生物量价格，求得一种类型草地的损失评估数据，再把不同类型草地损失的评估数据相加，可得整个草地上生物量损失数据。公式如下。

$$损失_{SUM} = \sum_{i}^{n} （单位面积生物量 \times 受灾灾面 \times 估价）$$

式中，$损失_{SUM}$ 为总损失额；

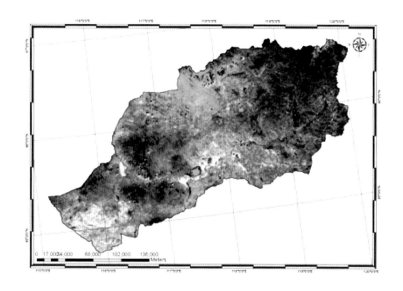

图 6 – 3 – 1　2012 年 4 月 16 日东乌珠穆沁旗影像图

Fig. 6 – 3 – 1　April 16, 2012 East Ujimqin Banner image map

$i = 1, 2, 3 \cdots n, n$ 为不同草地类型。

式中的受灾面积可以通过遥感提取方法获得，估价是以现在的市场价格，而单位面积的生物量则可以通过实际野外实验获取，或者可以通过遥感方法反演。通过草地类型数据进行叠加分析后可知，本章中的过火区的草地类型属于草甸草原，因此，进行单位面积生物量的遥感获取时应用适合草甸草原的产量估测模型。我国北方草原有生长季和枯草期两种时期。因此，在进行生物量的遥感反演时应注意在生长季利用生长季的估测模型，在枯草期用枯草期的估测模型。

（1）生长季的生物量估测。生长季的草甸草原产草量的估测模型选用的是刘爱军（2004）建立的锡林郭勒盟草甸草原的估产模型：

$$Y = 475 / \left[1 + 71.4 \left(X - 0.892 \right)^2 \right]$$

式中，$0.3 \leqslant X \leqslant 0.892$。

（2）枯草期的生物量的估测。本书的第二章中建立了内蒙古五种草地类型的可燃物量估测模型，即枯草期的生物量估测模型。由于锡林郭勒盟发生 "4·7" 特大草原火灾是在枯草期的时候发生在草甸草原中的草原火灾，因此，本书应用第二章中建立的枯草期可燃物估测模型中的草甸草原的估测模型来反演 2012 年 4 月 7 日的枯草期的生物量，反演用的计算公式如下。

$$Y = 120.934 - 932.541X + 2101.478X^2$$

式中，X 为 EOS/MODIS 数据第一通道的反射率数据。

反演结果见图 6 – 3 – 2。

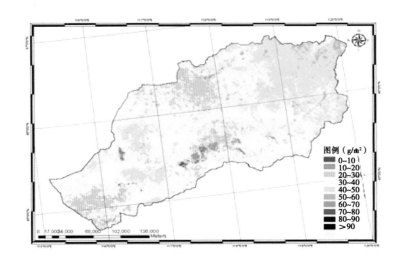

图 6 – 3 – 2　2012 年 4 月 7 日东乌珠穆沁旗生物量估测结果

Fig. 6 – 3 – 2　April 7, 2012 East Ujimqin Banner biomass

live weight estimation results

选取火场周边像元点的值后进行平均，可近似地获得火场范围内单位面积的生物量的值，通过计算可知火场周边草地单位面积生物量的值为 48g/m²。

烧毁饲草 = 单位面积生物量 × 过火区面积 × 市价

式中，单位面积生物量通过计算获知为 48g/m²，过火区面积为 778.89km²，饲草现在的市场价格按 2011 年 4 月锡林郭勒盟的饲草市价为 0.3 元/kg，计算得到烧毁饲草的价格为 1 121.60 万元。

3. 其他指标的获取

其他损失评估指标，如伤亡人口、死伤牲畜数量、烧毁房屋、烧毁建设设施、烧毁的棚圈、烧毁的家产和烧毁的其他财物等需要进行实地调查获取。"三停" 损失、人员伤亡造成的经济损失和火灾现场施救及清理火场的费用等间接经济损失要通过公安部 [1992] 151 号文件规定的计算方式获得。其计算方法如下。

草原火灾间接经济损失的计算指标如下。

（1）"三停" 造成的经济损失，即因火灾停工、停产、停业的经济损失。

（2）因火灾致人伤亡造成的经济损失。

（3）火灾现场施救及清理火场的费用。

草原火灾间接经济损失额计算公式如下。

$$M = A + B + C$$

式中，M 为火灾间接经济损失额（按工业产值计算）；

A 为停工、停产、停业造成的经济损失；

B 为因火灾致人伤亡造成的经济损失；

C 为火灾现场施救及清理火场的费用。

生态环境损失值的计算是直接经济损失和除生态环境损失以外的其他间接损失总和的 0.5 倍。

三、评估模型的建立

依据上述评估方法和评估指标，建立了草原火灾损失评估的数学模型。本章结合理论和实际，建立直接损失和间接损失的计算模型，确定出草原火灾损失总额和等级。

草原火灾损失评估要综合考虑过火面积、人员伤亡和经济损失总额。草原火灾损失评估的经济损失总额计算公式如下。

$$L = \sum_{i}^{n} L_i$$

$$L = \sum_{j}^{m} P_j C_j$$

式中，L 为经济损失总额（元）；

L_i 为分项损失量（元）；$i = 1，2，3 \cdots n$，n 为灾害损失种类总数；

$j = 1，2，3 \cdots m$，m 为各类损失中所包含的项目总数；

P_j 为灾害损失项目的市场价格参数；

C_j 为灾害损失项目。

四、草原火灾损失等级划分

结合草原防火条例的相关规定，确定草原火灾损失评估等级的划分标准，将草原火灾的损失等级划分为特别重大火灾、重大火灾、较大火灾和一般火灾四个等级。火灾等级划分标准如下。

1. 特别重大（Ⅰ级）草原火灾

符合下列条件之一。

（1）火灾过火面积达到80km² 以上的。

（2）造成死亡 10 人以上，或造成死亡和重伤合计 20 人以上的。

（3）经济损失总额 1 500 万元以上的。

2. 重大（Ⅱ级）草原火灾

符合下列条件之一：

（1）火灾过火面积在 50km² 以上 80km² 以下的。

（2）造成死亡 3 人以上 10 人以下，或造成死亡和重伤合计 10 人以上 20 人以下的。

（3）经济损失总额 900 万元以上 1 500 万元以下的。

3. 较大（Ⅲ级）草原火灾

符合下列条件之一：

（1）火灾过火面积在 10km² 以上 50km² 以下的。

（2）造成死亡 3 人以下，或造成重伤 3 人以上 10 人以下的。

（3）经济损失总额 150 万元以上 900 万元以下的。

4. 一般（Ⅳ级）草原火灾

符合下列条件之一：

（1）火灾过火面积在 0.10km² 以上 10km² 以下的。

（2）造成重伤 1 人以上 3 人以下的。

（3）经济损失总额 15 000 元以上 150 万元以下的。

本条表述中，"以上"含本数，"以下"不含本数。直接经济损失是指因草原火灾直接烧毁的草原牧草（饲草料）、牲畜、建设设施、棚圈、家产和其他财物损失（按火灾发生时市场价折算）。

第四节　小　结

在综合国内外学者对草原火灾损失评估研究的基础上，提出了草原火灾损失评估研究的理论框架。对草原火灾各项损失进行调查，将草原火灾的损失评估划分为人口损失、草原损失、直接经济损失和间接经济损失四大部分，并提出了一些草原火灾损失的评估指标，建立了草原火灾损失评估模型，将草原火灾损失等级划分为特别重大火灾、重大火灾、较大火灾和一般火灾 4 个等级。利用 2012 年 4 月 7 日锡林郭勒盟发生 "4·7" 特大草原火灾检验。结果表明，评估结果与实际情况较为吻合。草原火灾后损失评估涉及社会经济与生态环境的许多方面，各项损失价格较难确定。特别是生态环境损失的评估研究尚在起步阶段，很难准确定价，是以直接和间接经济损失总量的 0.5 倍计算的，这方面的研究将来仍需深入进行。

参考文献

薄颖生，韩恩贤，韩刚．2002．森林火灾损失评估与灾害等级划分［J］．森林防火（3）：12－13．

陈培金，徐爱俊，邵香君，等．2008．基于 GIS 的森林火灾灾后评估算法的设计与实现［J］．浙江林学院学报，25（1）：72－77．

程亚男．2001．森林火灾经济损失评估研究［J］．森林防火（4）：38．

储菊香．2000．森林火灾损失评估系统 FFIREGIS 的研制与开发［J］．林业资源管理（5）：56－58．

代学勇．2009．森林火灾损失评估方法［J］．河北林业科技（1）：50－51．

冯乃祥，李连俊．2000．森林火灾损失评估浅析［J］．森林防火（2）：29－30．

傅泽强．2001．草原火灾灾情评估方法的研究［J］．内蒙古气象（3）：36－39．

高昌海，顾香凤，荆玉惠．2007．森林火灾损失评估方法的研究［J］．林业科技，32（4）：39－40．

侯有刚，崔汛．1992．用蒙特卡罗模拟评估森林火灾造成的林木损失［J］．森林防火（3）：3－5．

金森，郑焕能，王海．1993．森林火灾损失评估的发展与展望［J］．森林防火（2）：8－10．

赖斌慧．2003．森林火灾损失评估的研究［D］．福州：福建农林大学．

梁晓晖．2006．森林火灾损失评估系统的研究与实现［D］．北京：华北电力大学．

刘桂香，宋中山，苏和，等．2008．中国草原火灾监测预警［M］．北京：中国农业科学技术出版社．

刘忠礼，王金，孙文举，等．2000．吉林市森林火灾损失的价值评估及森林防火工作的展望［J］．吉林林业科技，29（4）：50－54．

罗襄生．1989．森林火灾经济损失评估办法探讨［J］．河南林业科技（2）：35－37．

吕瑞 . 2006. 森林火灾损失与火场清理评估系统的研建 [D]. 哈尔滨:
东北林业大学 .

秦建明, 李志民, 杨珩 . 2007. 内蒙古红花尔基樟子松林国家级自然保
护区 "5.16" 森林火灾损失综合评估 [J]. 内蒙古林业调查设计, 30
(6): 57 - 59.

王静洲, 李永成, 陈亚丽, 等 . 2009. 森林火灾经济价值损失评估探讨
[J]. 河南林业科技, 29 (2): 84 - 86.

吴福华, 田影 . 2000. 关于森林火灾评估工作的思考 [J]. 森林防火 (2):
31 - 32.

张春桂, 黄朝法, 潘卫华, 等 . 2007. MODIS 数据在南方丘陵地区局地
森林火灾面积评估中的应用研究 [J]. 应用气象学报, 18 (1): 119 -
123.

郑宏, 张玉红 . 2003. 黑龙江省林火信息管理与火灾损失评估系统的设
计 [J]. 森林防火 (4): 18 - 21.

钟晓珊 . 2005. 森林火灾灾后评估研究 [D]. 长沙: 中南林学院 .

Atsuko Nonomura, Takuro Masuda, Hitoshi Moriya. 2007. Wildfire damage e-
valuation by merging remote sensing with a fire area simulation model in
Naoshima, Kagawa, Japan [J]. Landscape and Ecological Engineering, 3
(2): 109 - 117.

Yu shan Chang, Duwala Bao, Gui xiang LIU, et al. 2013. The Study of
Grassland Fire Loss Assessment Method Based on Remote Sensing Technol-
ogy in Inner Mongolia [J]. Journal of Risk Analysis and Crisis Response,
11: 469 - 476.

第七章　草原火灾生态环境影响评价

第一节　引　言

一、研究意义与目的

在草原地区火烧对生态环境具有明显的影响，是草地生态系统中的重要影响因子。火关系着草地群落的演替，对土壤等环境因素发生影响，也关系牧草的利用。在以畜牧业生产为主要目的的草地生态体系中，火的特殊生态影响是不容忽视的。火烧具有两面性，既有有利的一面，也有不利的一面。

火烧在草地生态系统中是一种非常有利的管理工具。可以通过火烧扩大牧场以增加畜牧业的收入；湿润地区火烧是改善草地较为简单有效的措施，火烧后残草被清除，翌年牧草返青会提前且生长发育良好有利于放牧；通过有计划的火烧能够控制灌木和树木的发展，维持火成亚顶级植物群落；清除不希望有的地面死物质，促进新草生长，并且可以破坏寄生生物；火烧能够改善季节性积水沼泽以供旱季利用；烧荒后潮湿的草地可改善土壤酸碱度和营养状况，有利于优良牧草生长。在家畜寄生虫和传染病发生的牧地上可用火烧除余草来烧除寄生虫卵和病菌。有些地区火烧仍用作一种改良草地的措施，但强调需要人为加以管理，特别要控制烧荒面积，烧荒频率和季节。

火烧对草地生态环境的不利影响包括人员伤亡、饲料的损失、牲畜伤亡、房屋和棚舍烧毁等。火灾还会造成牧地冬草被烧影响牲畜冬春放牧。由于减弱了植被下层地被覆盖，引起表土的风蚀和冲刷，生态环境退化，鼠虫害增加等等。

环境包括大气环境、水环境、土壤环境和生态环境。生态环境是地球环境的重要组成部分，是人类生存与发展的基础。生态环境影响是指外力作用于生态系统，导致其发生结构和功能变化的过程。

环境影响的类别如下。

（1）按影响的来源。可分为直接影响、间接影响和累积影响。

（2）按影响的效果。可分为有利影响和不利影响。

（3）按影响性质。可分为可恢复影响和不可恢复影响。

另外，环境影响还可分为短期影响和长期影响，地方、区域影响或国家和全球影响，建设阶段影响和运行阶段影响等。

生态环境影响评价是指对外力作用于生态系统后可能造成的环境影响进行分析、预测和评估，提出预防或者减轻不良环境影响的对策和措施，进行跟踪监测的方法与制度。

环境影响评价的类别如下。

（1）按照评价对象，可分为规划环境影响评价和建设项目环境影响评价。

（2）按照环境要素，可分为大气环境影响评价、地表环境影响评价、声环境影响评价、生态环境影响评价和固体废物环境影响评价。

（3）按照时间顺序，可分为环境质量现状评价、环境影响预测评价和环境影响后评价。

随着社会和经济的迅猛发展，人类对环境的影响强度在扩大，荒漠化、水土流失等生态环境问题空前突出，人类与资源环境的矛盾也日益尖锐。自然灾害也会破坏生态环境的稳定和健康。生态环境是人类生存发展的基础，要想正确解决这些生态环境问题，需要深入理解生态系统功能、结构和过程。因此，从 20 世纪 60 年代中期在全球范围内逐步开展了生态环境评价研究。60 年代英国总结出环境影响评价"三关键"，即关键因素、关键途径和关键居民区，明确提出污染源——污染途径——受影响人群的环境影响评价模式。1969 年，美国国会通过了《国家环境政策法》，1970 年 1 月 1 日起正式实施。随后世界各国逐渐开始制定环境影响评价制度。在 1973 年第一次全国环境保护会议后，环境影响评价的概念开始引入我国。生态环境影响评价从研究进程和对象来看可以分成 2 类：一类是对生态环境质量的评价，另一类是对生态环境的价值进行评价。

以往草原火灾生态环境影响研究主要是对植被或者土壤的影响等方面的单环境要素研究，而结合生物物种、种群、群落、土壤理化性状等多个因子的草原火灾生态环境影响的综合评价研究还很罕见。本章为了了解火烧对草原生态环境影响，运用层次分析方法，进行不同时间计划火烧实验并对研究区的植被群落进行野外调查和土壤理化性状进行实验分析，研究不同时间火烧后植被和土壤的变化，进行适用于草原火对生态环境影响评价方法的研究，建立草原火生态环境影响评价指标体系和模型，来评价火烧后草地生态环境质量。这将对开展草原地区火灾后的生态环境保护、恢复治理以及制定畜牧业可持续发展计划等工作的实施具有重大意义。

二、国内外相关研究

随着工业的迅速发展，环境污染扩大，生态环境逐渐恶化。人们开始注意人类活动造成的环境影响。早在20世纪30年代，俄罗斯学者就开始研究火灾对生态环境的影响。到20世纪50年代，美国、加拿大开始重视火灾对各种景观类型的影响，研究区域主要是美国的阿拉斯加、加拿大的西部和俄罗斯的西伯利亚地区，研究的主要问题是火灾后的环境变化。环境影响评价的概念于1964年在加拿大召开的国际环境质量评价会议上首次提出，1969年美国国会通过了《国家环境政策法》，1970年起正式实施，随后世界各国相继建立了环境影响评价制度，在1973年第一次全国环境保护会议后，环境影响评价的概念引入我国。

生态环境评价研究大体上可分为生态环境质量评价和生态环境价值评价两类。生态环境质量评价能够反映生态环境质量状况，评价方法有定性评价和定量评价两种。生态环境价值评价能够反映人类从生态环境和生态过程中获取的利益，包括生态环境产品和对人类生存及生活质量有贡献的生态环境服务功能。其评价方法主要有市场价值法、替换市场法和假想市场法。草原火烧生态环境影响评价是对火烧后的草地生态环境进行调查，评价火烧对草地生态环境的影响。草地生态系统因素众多、结构复杂、层次交叠、功能综合，其各组成成分之间的相互制约关系和整个生态系统对外界冲击因子响应方式的复杂性，使生态环境影响评价比大气、水、土壤等评价复杂得多，因而在生态环境影响评价理论研究和实践探索中存在着较大的困难。

国内外关于草原火灾生态环境影响的评价多是对植物群落、土壤和空气等单个因子的变化研究。如Hensel（1923）发表了关于火烧对草地植被的效应的文章（Hensel，1923）。Kucera和Koeling曾在密苏里草地连续20年火烧中研究了禾草类和杂类草两大类群频度和盖度的变化情况（Kucera，1964）。

刘国道（1988）对20种热带禾本科牧草的火烧效应进行了观察（刘国道，1988）。魏绍成等选取了群落建群种（优势种）、植物生活类型、水分生态类型、牧草经济类群和产量五项指标比较了火烧前后的群落动态变化

（魏绍成，1990）。李政海、王炜、刘钟龄等研究了秋季火烧和春季火烧对内蒙古草原地带的羊草草原总产量优势种群羊草、大针茅以及小叶锦鸡儿数量与生长状况的影响（李政海，1994）。周道玮等1993年4月5日和5月15日进行2次点烧处理后对不同时间火烧进行对比研究，并与附近未烧（UB）处理进行对比研究（周道玮，1996）。杨光荣、杨道贵等进行计划火烧后对林间草地产草量和营养成分进行比较研究（杨光荣，1997）。周道玮等研究了火烧对群落小气候、土壤微生物、土壤理化性状、植物的养分、植物体内水分、植物叶绿素含量、植物的热值等的影响（周道玮，1999）。鲍雅静、李政海、刘钟龄等用控制火烧和模拟实验的方法研究了内蒙古羊草草原的火烧效应及其作用机理（鲍雅静，2000）。姜勇等研究火烧后土壤的各种性质的变化，总结出火向土壤中施加了热量、灰烬，并且改变了土壤环境和微气候，土壤性质也可因植被和生物活性的改变而发生相应的变化（姜勇，2003）。江生泉和韩建国等通过测定植株基部茎粗、分蘖数、小穗数/生殖枝、小花数/小穗、种子数/小穗、千粒重、地上部分生物量与实际种子产量测定、潜在种子产量、表观种子产量和收获系数和叶面积计算等项目，研究前一年冬季放牧和春季火烧对新麦草植株生长与种子增产效应（江生泉，2008）。原海军（2008）探讨了火灾的发生对环境的影响，同时指出环境的破坏也会引起火灾的发生。提出了消防控制灾害过程中防治环境污染的对策，包括火灾扑救过程中造成的水体污染防治、火灾扑救过程中灭火剂使用造成的环境污染防治等（原海军，2008）。

第二节　研究内容与方法

一、研究内容

本研究以本氏针茅草地为研究区，进行冬季和春季不同时间计划火烧实验，选取植被评价因子和土壤评价因子等影响因子，选取生物量、盖度、多样性、高度、土壤含水量、土壤有机质、氮含量、磷含量、钾含量和土壤紧实度等10个指标作为草原火生态环境影响的评价指标，在4—10月间对研究区的植被群落进行野外调查，并对土壤理化性状进行实验分析，运用层次分析方法建立草原火生态环境影响评价指标体系，建立适于草原火生态环境影响评价的模糊数学综合评价模型，采用定性和定量相结合的方法对草原火生态环境影响进行综合评价。将火烧后的生态环境划分为明显变好、变好、变差和明显变差等 4 个等级，来评价不同时间火烧对草地生态环境质量的影响。对评价反映出的问题提供相应防治措施，从而达到生态保护的目的。

二、评价指标体系的确定

依据生态环境评价指标体系的确定原则，为了指标能够全面系统地反映出生态环境的本质，因此，综合考虑草原火对生态环境影响的各个因子，从众多的评价指标中选取了具有代表性的生物量、盖度、多样性和高度等能够反映植被评价因子的 4 个指标和能够反映土壤理化特性的土壤含水量、土壤有机质、碱解氮、速效磷、速效钾和土壤紧实度等 6 个指标。建立目标、准则和方案等层次，目标层为综合评价指数层（A），准则层由植被评价因子（B1）和土壤评价因子（B2）构成，方案层（C1 ~ C10）共有 10 个评价指标，并在此基础之上进行定性和定量的分析和决策，如图 7 - 2 - 1 所示。

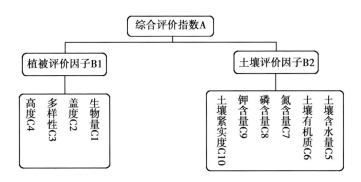

图 7 - 2 - 1 生态环境质量综合评价指标体系

Fig. 7 - 2 - 1 The situation of ecological environment quality index system

三、不同时间火烧实验

经常会发生火烧，而不同时期的火烧会对草原生态环境具有不同程度的影响。因此，本研究为了研究不同时期火烧对草原生态环境的影响，在 2010 年 1 月 5 日和 2010 年 3 月 9 日分别进行了冬季火烧和春季火烧实验。在进行火烧实验时，在研究区内选择地势平坦，并且土壤质地均匀的地块用铁丝网围封了 500m² 面积的实验场，并将实验场样地平分成 3 个样地，分别为冬季火烧样地（WB）、春季火烧样地（SB）和未烧样地（UB），见图7 - 2 - 2。

将每个样地的四周的草铲除，留出 1m 宽度的防火线，进行火烧实验时组织人员现场守护和监察火情，待地表干枯草本层植物充分燃烧并至所定面积后灭火，等待观察一段时间确认无复燃可能后离开现场，见图 7 - 2 - 3。

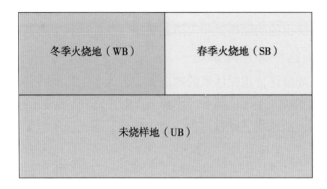

图7-2-2　不同时间火烧实验样地布局图

Fig. 7-2-2　Different time fire experimental sample area layout map

图7-2-3　火烧实验

Fig. 7-2-3　Fire experiment

四、数据的获取

1. 野外调查

在2010年5—10月每月1次对冬季火烧样地（WB）、春季火烧样地（SB）和未烧样地（UB）进行火烧后的植物群落调查。测定方法是在样地内选取5个能够代表样地信息特征的1m×1m正方形固定样方，以减少取样的误差。样方设置既要考虑代表性，又要有随机性。然后登记每个样方内的种类、株/丛数、高度（最高，平均）、丛幅（最高，平均）、盖度、地上生物量（鲜重，干重）等指标，生物多样性计算公式如下。

$$Shannon-wiener \text{ 多样性指数 } H = -\Sigma P_i \log_2 P_i$$

式中，H 为生物多样性指数；

P_i 为群落中第 i 个种的个体所占所有物种总数的比例。

土壤样品的采集选择在春季的4月末、夏季的7月末和秋季的10月末进行。测定时采用"S"线形取样法，每个样地内沿"S"线形选择具有代表性的 3 个样点，并尽量避开坑洼、土堆、斜坡和岩石等处。3 个取样点挖宽 60 ~ 100cm、长 100 ~ 150cm、深 70 ~ 100cm 的土壤剖面坑，剖面坑挖掘规格一般以一个人工作方便为宜。用 SC – 900 型土壤紧实度仪测量 0cm、2.5cm、5cm、7.5cm、10cm、12.5cm、15cm、17.5cm、20cm、22.5cm、25cm、27.5cm 和 30cm 处的土壤紧实度，取平均得出 0 ~ 10cm、10 ~ 20cm、20 ~ 30cm 范围的紧实度。

采用环刀法，用环刀（V = 100cm³）自下而上依次取各层中心位置的土样，取样时候要把环刀平稳打入土壤内，待全部进入土壤后，小心取出环刀并脱去上端的环刀托，用削土刀削平环刀两端的土壤，使环刀内土壤容积一定，然后立即放入已知准确质量并编号的铝盒中，带回实验室进行土壤含水量实验。

用环刀从 0 ~ 10cm、10 ~ 20 cm 和 20 ~ 30 cm 处各取 1kg 左右的土样，装入干净的样品袋内，土壤袋内外应各有一份标签，用记号笔注明样地号、样地采集点、采样层次、深度及日期，然后将同一剖面的土袋拴在一起。把土样带回实验室后立即置于通风处晒干、去杂和磨细后，过 2mm 的筛子进行速效养分测试，过 1mm 的筛子供 pH 测试，过 0.149mm 的筛子供土壤有机质等土壤化学特性的测试。

2. 室内实验

（1）土壤含水量测定。土壤含水量采用土壤质量含水量（mass water content）方法测定，即土壤中水分的质量与干土质量的比值，又称为重量含水量，通常用符号 θ_m 表示。质量含水量常用百分数形式表示，但目前的标准单位是 kg/kg，用公式表示，即

$$\theta_m = M_W/M_S = (W_1 - W_2)/W_2$$

式中，θ_m 为土壤质量含水量（kg/kg），W_1 为湿土质量，W_2 为干土质量，$W_1 - W_2$ 为土壤水质量。定义中的干土为采用传统烘干法，在 105℃ 条件下烘干 24h 烘至恒重后冷却称重的量。

（2）土壤化学性质测定。采用重铬酸钾容量法进行土壤有机质的测定（外加热）；采用碱解扩散法测定碱解氮；采用 0.5mol/L NaHCO₃ 法测定速效磷；采用 NH₄OAC 浸提 – 火焰光度法测定速效钾。

五、数据标准化

由于不同变量常常具有不同的单位和不同的变异程度，使系数的实践解释发生困难。为了消除量纲影响和变量自身变异大小和数值大小的影响，故

将数据标准化。进行标准化是采用每个评价指标的各个数据值都要除以该指标数值中的最大值，获取标准化后的数值。表达式如下。

$$y = x / \mathrm{MaxValue}$$

式中，x、y 分别为转换前、后的值，MaxValue 为样本的最大值。

经过数据标准化后，各种变量的观察值的数值范围都将在（0，1）之间。

第三节　结果与分析

一、评价指标权重的确定

火烧对草地生态环境的影响有许多方面，要进行火烧对草地生态环境的影响评价需要从众多的因素中选取能够代表生态环境质量的因子，并确定各因子中的评价指标，基于系统论的观点建立评价层次，构成完整全面的评价指标体系。本研究经过专家咨询，建立了包括植被评价因子和土壤评价因子的 10 个指标，各因子的权重值是利用层次分析法（AHP）通过专家对各指标按照相对重要程度进行 9 分位打分，利用专家判断值构造判断矩阵并进行一致性检验得到各指标的权重，层次分析法（AHP）请参阅第一章研究方法中的介绍（表 7 - 3 - 1）。

表 7 - 3 - 1　评价指标体系

Tab. 7 - 3 - 1　Assessment index system

因子	指标	权重
植被评价因子 0.6667	C_1 生物量 C_2 盖度 C_3 多样性 C_4 高度	0.5638 0.2634 0.1178 0.055
土壤评价因子 0.3333	C_5 土壤含水量 C_6 土壤有机质 C_7 氮含量 C_8 磷含量 C_9 钾含量 C_{10} 土壤紧实度	0.5126 0.1922 0.0896 0.0896 0.0896 0.0263

二、评价模型

草原火烧对生态环境的影响评价利用综合指数法进行，其计算公式如下。

$$P_i = \sum_{j=i}^{n} C_{ij} W_j$$

式中，P_i 为 i 样地综合评价指数；

C_{ij} 为 i 样地 j 指标的标准化数据；

W_j 为 j 指标的权重。

三、生态环境质量指数分级

未烧地是代表没有火烧影响的平均状态，因此，本章以未烧地的值作为生态质量变好和变差的临界值，将计算结果划分为明显变好、变好、变差和明显变差等4个等级，等级划分标准如表7-3-2。这样处理的结果可以直观地看到不同时间火烧对生态环境的影响结果。

表 7-3-2 生态环境质量分级

Tab. 7-3-2 ecological environmental quality grading

级别	指数	状态
明显变好	EQI≥0.9	植被覆盖度明显变好，生物多样性指数明显变高，土壤理化性状明显变好，生态系统稳定
变好	0.76≤EQI<0.9	植被覆盖度变好，生物多样性指数变高，土壤理化性状变好
变差	0.62≤EQI<0.76	植被覆盖度变差，生物多样性指数变低，土壤理化性状变差
明显变差	EQI<0.62	植被覆盖度明显变差，生物多样性指数明显变低，土壤理化性状明显变差

第四节 小 结

在以往的草原火对生态环境的影响研究都是调查火烧后植被评价因子或土壤理化性状的变化的单因素研究。本研究创新性地采取了植被评价因子和土壤评价因子对火烧生态环境综合评价，将火烧后的生态环境划分为明显变好、变好、变差和明显变差等4个等级，该研究弥补了草原火烧的生态环境影响综合评价研究的空白。研究结果也符合实际情况，说明本研究采用的评价指标、模型和方法能反映实际情况，是科学合理的。

参考文献

鲍雅静，李政海，刘钟龄. 1997. 火因子对羊草（Leymuschinensis）群落物种多样性影响的初步研究 [J]. 内蒙古大学学报（自然科学版），28（4）：516 – 520.

鲍雅静，李政海，刘钟龄. 2000. 羊草草原火烧效应的模拟实验研究 [J]. 中国草地（1）：7 – 11.

都瓦拉，玉山，刘桂香，等. 2014. 草原火烧对生态环境的影响评价 [C]. 风险分析与危机反应学报（JRACR）：127 – 132.

范建容，周万村，高世忠，等. 1995. 遥感与模糊评判在森林火灾后生态监测评价中的应用 [J]. 遥感技术与应用，10（4）：42 – 47.

高世忠，周万村，范建容，等. 1995. 攀西林区森林火灾后生态变化的遥感监测 [J]. 山地研究，（1）：27 – 34.

高世忠，周万村，范建容，等. 1996. 森林火灾后生态变化遥感监测评价模型的构建方法研究 [J]. 环境遥感，11（2）：116 – 129.

江生泉，韩建国，王赟文，等. 2008. 冬季放牧和春季火烧对新麦草生长与种子产量的影响 [J]. 草地学报，16（4）：341 – 346.

姜勇，诸葛玉平，梁超，等. 2003. 火烧对土壤性质的影响 [J]. 土壤通报，34（1）：65 – 69.

李政海，鲍雅静. 1995. 草原火的热状况及其对植物的生态效应 [J]. 内蒙古大学学报（自然科学版），26（4）：490 – 495.

李政海，王炜，刘钟龄. 1994. 火烧对典型草原改良的效果 [J]. 干旱区资源与环境，8（4）：51 – 60.

梁学功，杜国祯，王兮之，等. 1999. 藏嵩草构件群体特征及火烧影响的研究 [J]. 兰州大学学报，35（1）：173 – 178.

刘桂香，宋中山，苏和，等. 2008. 中国草原火灾监测预警 [M]. 北京：中国农业科学技术出版社.

马治华，刘桂香，李景平，等. 2007. 内蒙古荒漠草原生态环境质量评价 [J]. 中国草地学报，29（6）：17 – 21.

赛音吉日嘎拉，王铁娟，刘桂香，等. 2012. 不同季节火烧对小针茅草原群落特征的影响 [J]. 中国草地学报，34（3）：65 – 69.

唐秀美，赵庚星，程晋南，等. 2009. GIS 技术在县域耕地生态环境评价中的

应用研究 [J].山东农业大学学报（自然科学版），40（2）：295－300.

田尚衣，周道玮，孙刚，等.1999.草原火烧后土壤物理性状的变化 [J].东北师大学报（自然科学版），（1）：107－110.

王微.2008.渝西地区火烧迹地早期恢复植被特征研究 [J].安徽农业科学，36（29）：12 690－12 692.

王智晨，张亦默，潘晓云，等.2006.冬季火烧与收割对互花米草地上部分生长与繁殖的影响 [J].生物多样性，14（4）：275－283.

魏绍成，金雪峰，冯国钧，等.1990.森林草原火烧后的植被动态 [J].草业科学，7（5）：53－58.

肖化顺，张贵，刘大鹏.2007.马尾松林火灾后生态效益损失动态评估 [J].林业科学，43（3）：79－83.

玉山，都瓦拉.2011.黑河分水后近10年下游生态环境恢复情况遥感监测：第28届气象年会论文集 [C].厦门：518－519.

岳秀泉，周道玮，孙刚.1999.草原火烧后群落小气候的变化 [J].东北师大学报（自然科学版）（1）：91－96.

周道玮，姜世成，胡勇军.1999.草原植物高生长、体内水分和叶绿素含量对火烧的反应 [J].东北师大学报（自然科学版）（4）：91－95.

周道玮，刘仲龄.1994.火烧对羊草草原植物群落组成的影响 [J].应用生态学报，5（4）：371－377.

周道玮，岳秀泉，孙刚，等.1999.草原火烧后土壤微生物的变化 [J].东北师大学报（自然科学版）（1）：118－124.

周道玮，张宝田，郭平，等.1999.不同时间火烧后草原一些特征的变化 [J].应用生态学报，10（5）：549－552.

周瑞莲，张普金，徐长林.1997.高寒山区火烧土壤对其养分含量和酶活性的影响及灰色关联分析 [J].土壤学报，34（1）：89－95.

Ertugrul Bilgili, Bülent Saglam. 2003. Fire behavior in maquis fuels in Turkey [J]. Forest Ecology and Management, 184（1－3）：201－207.

Lea Wittenberg, Dan Malkinson, Ofer Beeri, et al. 2007. Spatial and temporal patterns of vegetation recovery following sequences of forest fires in a Mediterranean landscape, Mt. Carmel Israel [J]. CATENA, 71（1）：76－83.

Yu shan, Duwala, Bao Yu hai. 2011. Satellite Monitoring of the Ecological Environment Recovery Effect in the Heihe River Downstream Region for the Last 11 Years [J]. Advanced Materials Research：2 385－2 392.